これからの森林環境保全を考えるⅡ

欧米諸国の森林管理政策
─改革の到達点─

柿澤宏昭

J-FIC

目次

第1章　欧米諸国の森林管理政策分析の視点 ─────── **5**

第2章　ドイツ ───────────────────── **13**

第1節　連邦レベルの森林管理政策 ───────── 14

第1項　森林・環境法制度の展開 ─────── 14

第2項　連邦レベルの森林法制度と森林管理政策 ── 19

第3項　連邦レベルの自然保護法制度と政策 ─── 28

第2節　バーデン・ヴュルテンベルク（BW）州における森林管理政策 ── 32

第1項　BW州の自然保護政策と保護地域の設定 ── 32

第2項　BW州の森林管理政策 ──────── 39

第3章　フィンランド ─────────────── **55**

第1節　森林政策と環境保全政策の展開過程 ──── 56

第2節　森林政策と自然環境政策の概要 ───── 60

第3節　森林管理政策の具体的な内容 ───── 66

第4節　森林環境保全をめざした取り組み ──── 74

第4章　スウェーデン ─────────────── **81**

第1節　森林政策と自然環境政策の展開過程 ──── 82

第2節　森林政策と自然環境政策の概要 ───── 85

第3節　森林管理政策の具体的内容 ────── 90

第5章　フランス ──────────────── **103**

第1節　森林・自然環境政策の展開過程 ───── 104

第2節　森林法典と森林行政組織 ─────── 107

第3節　森林管理政策の具体的な内容 ───── 111

3

第6章 アメリカ合衆国 ——————————— **125**

第1節 森林管理政策の概要 ————————————— 126

第2節 連邦水質浄化法と州森林管理政策 ————————— 129

第1項 公的関与は普及指導などに限定する州 ——————— 129

第2項 事業体などの認定制度をもっている州 ——————— 134

第3項 水質保全のための施業規則化を行っている州 ———— 140

第3節 独自の森林管理政策の仕組みを展開している州 ———— 142

第1項 カリフォルニア州における森林管理政策 —————— 142

第2項 ワシントン州における森林管理政策 ———————— 156

第7章 総括と日本への示唆 ———————————— **169**

おわりに ————————————————————— **187**

第１章
欧米諸国の森林管理政策分析の視点

本書の目的

　欧米諸国は、森林を含めた自然資源管理の仕組みを大きく転換し、生物多様性保全など現代的課題に応える仕組みをつくりあげようとしてきている。例えば、ドイツでは1970年代より環境保全の重要性が認識され、環境保全を組み込んだ森林法体系が形成されてきた。アメリカ合衆国カリフォルニア州でも自然保護運動の大きな影響を受けて、環境保全のための包括的な森林施業規制制度が策定されてきた。また、1990年代からはエコシステムマネジメントという新しい概念のもと、連邦政府の自然資源管理の方針が抜本的に転換してきている。1990年代以降には欧州各国で環境対応を含めた森林法制度の改革が行われてきた。フィンランドは1993年、スウェーデンは1997年、フランスは2001年に森林法を抜本的に改正し、生物多様性保全など環境保全を森林に関わる制度・政策に組み込み、現場での実効性を確保するための施策を展開してきている。

　このような欧米諸国の動向は、木材生産や水源涵養・保健休養などこれまでも期待されてきた多面的機能の維持・増進とともに、生物多様性保全など新たな課題に応える森林管理を達成しようとしているといえ、本書ではこのような現代的な課題に応える持続的な森林管理を民有林において支える政策を森林管理政策と称する。

　本書と対をなすものとして出版した『日本の森林管理政策の展開』において述べたように、欧米諸国と対比して、日本では現代的課題に対応するための大きな制度改革・変革を行っているとはいえず、また森林管理政策は行き詰まっており、これまでの延長線上で展望を描くことはできない。長期的に新たな方向性を構想することが求められ、そのうえでどのように次の一歩を踏み出すのかを考える必要がある。改めて森林法制度・政策の枠組みを検討することが必要とされている。

　新たな方向性を構想するうえで、他国においてどのように森林管理政策が形成され、どのような仕組みを持っているのかという情報は重要である。上述のように、欧米諸国においては、生物多様性保全など現代的な課題に関わって森林政策体系の大きな転換を行ってきている。そうした点で、海外の多様な社会・経済・自然条件の中で形成されてきた森林管理と環境保全に対す

る取り組みを分析し、そこから何を学べるのかの検討を行うことが重要である。そこで、本書では欧米諸国における森林管理政策及びそれを実行する組織を比較検討しつつ、どのように現代的な課題に応える仕組みをつくり上げてきたのかを明らかにし、日本が学ぶべき点について指摘する。

国内における研究動向

　日本では、海外の林政事情についての調査・研究が早くから行われてきている。ここでは1980年代以降の欧米諸国を対象とした研究に絞ってみてみよう。

　欧米諸国の森林・林業や林政の状況については、まず林野庁の委託研究として林政総合調査研究所が行った研究結果が『欧米諸国の森林・林業』[1]としてまとめられた。本書はフランス・イギリス・西ドイツ（当時）・スウェーデン・アメリカ・カナダの6か国を取り上げ、森林・林業・林政の状況を概括的にまとめている。これ以降、欧米諸国を対象とした書籍がいくつか出版されているが、1999年には『欧米諸国の森林・林業』の続編ともいうべき『諸外国の森林・林業』[2]が出版された。本書では、スイスのほかロシアや中国といった国々が新たに取り上げられ、また前著に引き続き取り上げられた諸国についても新しい動向を含めて紹介されている。2010年には『世界の林業—欧米諸国の私有林経営』[3]が出版されており、書名に示されるように私有林に焦点を当てて政策や経営動向などについて論じている。既存の研究と対比した特徴としては、近年体系的な分析がなかったノルウエーの状況が詳細に紹介されていること、フランスについて歴史的展開も踏まえて詳細な分析が行われていることがあげられる。これら書籍はそれぞれの国の森林政策や林業の動向についての情報を提供しているが、一方で、各執筆者の方法論や分析対象に統一性がなく、断片的な情報の提供で終わっているという弱点もある。また、本書の主題である森林管理政策や施業規制については簡単な紹介・分析しか行われていない。

　石井寛は「比較林政論」を提唱して、いくつかの国々の森林政策を比較しながら、日本が学ぶべき点は何かを議論しようとした。「スイス・ドイツ・スウェーデンの森林・林業法の歴史・現状とわが国森林政策の方向」[4]にお

いて欧州三カ国の森林法体系と日本の森林法体系を対比する中で、日本の森林法体系が抱える環境保護・開発規制法的性格の脆弱さなどを指摘している。このほか石井・神沼らはヨーロッパ諸国における森林政策の動向に関する分析を行っているが、これは政策全体の新しい動向を分析するだけではなく、自然公園制度や森林憲章など新たな政策分野を含めて分析を行い、森林政策の情報の豊富化を図るとともに、日本への参照可能性を意識している特徴を持っていた[5]。

　また、志賀和人はスイスの森林政策・経営について研究を行い、スイスと対比する中で日本の課題を指摘している。例えば、志賀らの編著である『現代日本の森林管理問題』[6]は森林の多面的機能の発揮や環境保全など現代的課題についての地方自治体などの取り組みに焦点を当てたものだが、そのなかでスイスにおける森林・土地利用政策と対比しつつ、日本の林業政策と環境・土地利用政策の関係の希薄さを指摘した。その後もスイスの新しい林政動向を押えつつ研究を深化させ、政策面では森林・林業政策の環境・土地政策との結合、森林管理においての林業経営の自立という特徴を示して、日本の森林政策の問題点を浮かび上がらせている[7]。

　柿澤らは森林施業規制に絞って、欧州諸国の比較検討を行っている[8]。共通する項目として規制の主体、規制手法、規制内容、規制を担う組織を設定して、体系的に比較を行うことで、日本の今後のあり方を参照できるようにしている。さらに、柿澤は以上のような研究をもとにしながら、欧米諸国の森林政策の目的・手法・政策の担い手、さらに環境対応について包括的な比較検討を行い、国・地域の状況による政策展開の違いを示しつつ、日本が学ぶべき点として、最低限の政府による規制、環境対応の新たな手法の導入、これら政策を支える人材・組織体制の整備を指摘した[9]。

海外における比較森林政策研究の動向

　一方、海外においては、欧米諸国の森林政策の比較研究は活発な研究分野ではない。

　1993年にグレイストン（Grayston）による『西ヨーロッパの私有林政策（Private Forestry Policy in Western Europe）』が出版されているが[10]、こ

れは、英国の森林・林業をめぐる状況や政策が大きく変化している状況の中で、西ヨーロッパの森林政策の多様な展開を把握して、今後の英国の政策形成に反映させる意図で行われた研究である。具体的には各国共通に歴史的背景、経済的な林業の状況、法制度と政策、行政組織、政策の実行、税、助成、普及指導、研究について述べており、ほぼ包括的に政策状況を把握しようとしている。そのうえで欧州諸国が何を森林政策の課題としているのか、その課題に対してどのように政策を展開してきているのかについて分析を行い、英国林政に対するいくつかの提言を行った。

　このあと、体系的な比較森林政策に関わる研究はみられなかったが、ヨーロッパ森林研究所では、国家森林プログラムの策定といったテーマを設定して研究会を行ってきた。このなかで各国の森林政策の動向についても報告が行われ、その結果がプロシーディングスとしてまとめられ、その時々の各国の動向を把握するにはよい情報源となっている[11]。ただし、研究会で行った発表をもとに研究者・実務家が現状をまとめたものであり、比較研究を目的としたものではないため、それぞれ記載している内容に統一性はなく、また多くの場合、掘り下げた分析が行われているわけではない。

　環境保全に関わる施業規制を国際比較した近年の研究としては、マクダーモット（McDermott）らのものがある[12]。この研究は国際的な森林保全の取り組みを進めるために基礎情報を提供することを目的として行われたもので、研究手法の特徴は、政策要素を表１のように分割したうえで、政策が現場に具体的に要求していること（例えば、河畔域規制、皆伐規制など）に焦点を当てて国際比較研究を行っていることである。明確な分析枠組みをもって国際比較研究を行っており、多数の国々の具体的な施業規制の内容（例えば、河畔域保護規制の有無・規制の幅、皆伐面積上限設定の有無・上限面積）の比較を可能としたが、政策背景や政策実行の手法の詳細については分析されておらず、単純な比較に終わっている。考察も、河畔域がなぜ50m幅を基本としているのか、先進国で公的所有での規制が私的所有より厳しいのはなぜか、発展途上国のほうが厳しい規制を導入しがちなのはなぜか、をテーマとしており、国際的な森林保全を進めるという研究趣旨に沿った設定となっている。日本の今後の森林管理政策を考えるうえでは、どのような条

表1　政策要素の分類

	高い抽象的レベル	プログラムレベル	現場レベル
政策の目標	政策基本方向	政策目標	政策が現場に具体的に要求していること（setting）
政策の手段	政策手段の基本論理	具体的な政策手法メカニズム	現場への手法の適用

資料：McDermott ら（2010）

件の下でどのように政策が形成され、また、どのように実行されてきたのかという情報が欠かせず、マクダーモットらのような手法ではこれを達成することは困難である。

海外の森林管理政策を検討する視点

　以上を踏まえて本書では、欧米諸国においてどのような文脈・条件の中で、どのような森林管理政策が形成されているのかについて明らかにし、そのうえで日本が今後とりうる森林管理政策のあり方について検討したい。

　それぞれの国・地域の森林管理政策を分析するにあたっては、全体的な構造の把握を基本に据える。森林管理政策は多様な条件が複合的に絡み合って形成されており、例えば、森林資源・林業生産・自然環境保全がどのような重要性を持っているのか、森林に関わる制度政策の歴史的展開はどうであったのか、土地利用規制が社会的にどの程度まで許容されるのか、森林・林業に関してどのような社会的な要求があるのかといった多様な変数の中で形成されている。また、こうした政策の形成のされ方を反映して、具体的な森林管理政策はその内容・手法の組み立てられ方も多様であると考えられる。こうした全体像を押さえることで初めて、欧米諸国の政策形成の論理が明らかになり、今後の日本の森林管理政策への適用性の検討が可能となる。

　このため、本書では第1に、政策形成の論理と構造全体を明らかにすることを目指す。

　第2に、森林行政分野だけではなく、自然環境政策など森林と隣接する分野で森林環境保全に関わって行われている政策についても視野に入れ、森林行政との役割分担などについても検討を行う。

　第3に、政府政策だけではなく、森林環境保全に重要な役割を果たしてい

る民間の取り組みについても検討に含める。

　第4に、今日の政策が形成されてきた経緯もできる限り明らかにする。どのような社会的・政治的・経済的条件の中で森林管理政策の仕組みがつくられてきたのか、政策全体の構造の中で環境保全がどのように位置付けられているのか、政策形成に関わる様々な制約の中でどのように政策を形成してきたのか、などに焦点を絞って分析を行う。

　具体的な政策内容については、どのような政策手法を用いて、どのように持続的な森林管理を達成しようとしているのか、可能な限り現場への適用の仕方まで含めて分析を行う。こうした政策展開を支える行政組織や支援組織の体制、データベースなどの政策インフラの整備がどのように行われているのかについても目を配りたい。

　比較分析する国としては、ドイツ、フィンランド、スウェーデン、フランス、アメリカ合衆国を取り上げる。これら諸国を取り上げた理由であるが、まず第1に土地所有権の力と森林行政の森林管理への介入の関係を見ると、ドイツ・フィンランドは相対的に土地所有権の力が弱く、森林行政による森林管理への介入が強い一方で、スウェーデン・フランス・アメリカ合衆国は土地所有権の力が強く、森林行政による森林管理への介入が相対的に弱いという特徴を持つ。このような基本的な枠組みの違いの下で、それぞれの国がどのような政策を展開し、現代的要求にこたえる森林管理の仕組みを形成してきたのかを分析することができる。第2には林業の歴史が長く長伐期施業が一般的であるドイツと、中短伐期で効率的な皆伐施業を進めてきた北欧など、異なる森林管理体系を持つ国における制度・政策の展開や内容を検討することができる。このほか、森林認証が政策の補完的役割を果たしているスウェーデン・フィンランド、環境保護運動や環境法制度への対応が迫られてきたアメリカ合衆国など、今日的な課題への政策的対応のあり方への示唆を得ることができると考えられる。

　なお、アメリカ合衆国の民有林行政は州ごとに行われており、環境保全が州の政策課題として重要なところでは、規制力の強い森林政策が進められるなど、州による政策の相違の違いが大きい。このためアメリカ合衆国に関しては森林担当部局による民有林全般を対象とした森林施業の規制に絞って、

州間での政策を比較しながら、政策の多様な展開を示すこととしたい。

脚注

1　森林政策研究会編（1988）欧米諸国の森林・林業、日本林業調査会

2　日本林業調査会編（1999）諸外国の森林・林業、日本林業調査会

3　白石則彦監修（2010）世界の林業—欧米諸国の私有林経営、J-FIC

4　石井寛（2003）フランス、ドイツ、日本の森林政策の展開とその特徴、林業経済研究49（1）、3〜12頁

5　石井寛・神沼公三郎編著（2005）ヨーロッパの森林管理　国を超えて・自立する地域へ、J-FIC

6　志賀和人・成田雅美編著（2000）現代日本の森林管理問題−地域森林管理と自治体・森林組合、全国森林組合連合会

7　志賀和人（2013）現代日本の森林管理と制度・政策研究：林野行政における経路依存性と森林経営に関する比較研究、林業経済研究59（1）、3〜14頁

8　柿澤宏昭・岡裕泰・大田伊久雄・志賀和人・堀靖人（2008）森林施業規制の国際比較研究：欧州諸国を中心として、林業経済61（9）、1〜21頁

9　柿澤宏昭（2012）世界の森林政策（遠藤日雄編著、改訂　現代森林政策学、J-FIC）31〜45頁

10　Grayson, A.（1993）Private Forestry Policy in Western Europe, CAB International

11　例えば、Gislerud, O., Neven, I. eds.（2002）National Forest Programs in a European Context, Ottitsch, A., Tikkanen, I., Riera., P. eds.（2002）　Financial Instruments of Forest Policy、Buttoud, G, Solberg, B., Tikkanen, I. eds.（2004）The Evaluation of Forest Policies and Programs などがある。

12　McDermott, C., Cashore, B., Kanowski, P.（2010）Global Environmental Forest Policies, Earthscan

第2章
ドイツ

ドイツ連邦は、国土面積3,571万haのうち、約30％に当たる1,110万ha
が森林に覆われている。森林面積を州別に見ると、バイエルン州が256万
ha、バーデン・ヴュルテンベルク州が136万haと大きく、両州は林業生産
活動も活発である。森林の所有主体別構成比をみると、連邦有林4％、州有
林30％、団体有林[1]20％、私有林44％などとなっている。私有林の所有規
模は50ha未満が95％を占め、所有規模が比較的小さく、農業兼業の所有者
の比率が高い。現在の樹種構成は針葉樹6割、広葉樹4割となっているが、
原植生は広葉樹が優勢であったとされ、自然に近い林業の推進によって広葉
樹の比率が増加しつつある。

　伐採量は1990年代前半までは3,000万m^3、1990年代後半に4,000万m^3
となり、2000年代に入ってさらに増加傾向にあったが、2010年代に入って
5,000万m^3台の水準で横ばいとなっている。林産業も活発であり、2015年
の製材生産量は3,075万m^3、繊維板・OSB生産量は674万m^3などとなっ
ている。

　ドイツは連邦制をとっており、森林行政の大枠を規定するのは連邦政府で
あるが、具体的な森林政策は州ごとに展開される。本章では、ドイツ全体の
森林管理政策の展開過程と現状をみた後で、バーデン・ヴュルテンベルク州
の森林管理政策についてみることとしたい。

第1節　連邦レベルの森林管理政策

第1項　森林・環境法制度の展開

森林法制度の概要

　「現代ドイツの森林立法は、現象的には小面積の地域に適用されていた多
くの山林条例が、19世紀に州森林法として整序、転換されたことによって
はじま」ったとされ、こうした点で州ごとに地域性をもっていた。北ドイツ
では私有林所有への干渉を排除する自由主義的な形で進んだのに対して、南
ドイツにおいては「私有林に対する適度の法律的制限」が加えられるように

なった。ナチスの時代には、全ドイツの全所有形態の森林に対して一般的規定をおいた帝国森林法の策定が進められたが、戦争が始まったことから議会を通過させることができなかった。ただし、森林荒廃防止法など帝国森林法を先取りするいくつかの法律が制定され、これらの法律は戦後もその多くが連邦法または州法として適用されていた[2]。

ドイツでは、連邦と州の立法権限は連邦基本法によって定められている。その関係は、基本的に連邦だけに立法権が認められ、州は連邦法によって明示的に授権された場合のみ立法権を行使できる専属的立法権、連邦が立法権を行使しない場合には州が立法権を行使できる競合的立法権、連邦の定める大綱に基づいて州は詳細を定める大綱的立法権の三つに区分されており、森林の分野は競合的立法権、自然保護の分野は大綱的立法権に属していた。以上の枠組みの下で、旧西ドイツにおける森林法制は連邦森林法と各州森林法からなっていたが、「1975年に至るまで上述の憲法上の構造や歴史的な経緯から連邦統一的な森林法はなく、州についてもすべての州が森林法を備えているわけではなかった。」[3]

1951年以降、連邦森林法の制定が連邦農林省林業局によって試みられてきたが、挫折を続けてきた。この主たる要因としては、連邦法の制定によって州の権限が奪取されるという懸念を州が抱いたため、連邦と州との間で競合立法をめぐる緊張が生じたことが挙げられている。

こうした中で、州の森林法の状況はさまざまであった。戦後、森林法を新たに策定した州としては、シュレスビヒホルスタイン州、ノルトライウェストファーレン州、ラインラントパルツ州、ヘッセン州などがあり、これらは戦後の新たな状況に対応するために新たに制定、または改正されたものであり、ラインラントパルツ州とヘッセン州の森林法は廃案となった帝国森林法を参考にして策定されている。一方、バイエルン州やバーデン・ヴュルテンベルク州は19世紀の森林法をほぼそのまま維持していた。また、ザールランド州には森林法は存在していなかった[4]。

こうした中で1960年代には、国土保全や国民の厚生の確保が大きな課題となり、森林法制を州のみに任せるのではなく、連邦一体的な規定が必要であるとの認識が広まった。1965年の連邦議会の決議は、連邦政府に対して

「林業、自然及び野生鳥獣保護を妨げることなく、レクリエーション目的で市民が森林に立ち入ることを保証する規定を含む、連邦森林法」の提案を求めた。さらに、1969 年にはブラント首相が環境問題を政権の最重要課題として設定し[5]、1971 年には連邦政府は連邦議会に対して「環境プログラム」を送付した。この中で、森林の維持と林業の振興のための連邦法上の規律の必要性を改めて確認し、特に「森林計画、森林の維持と拡大、森林管理、保安林[6]と休養林、レクリエーションのための森林の開放、公益と私益の調整のための保障・費用補塡を包括的に規律すべき」とした[7]。

「森林の保全機能やレクリエーション機能への要請が高まり、一方で少ない森林が開発圧力にさらされるという状況の中で、各州の領域を超えた連邦法 – 州法の体系が必要とされた」[8]といえ、環境問題への意識の高まりのなかで、連邦レベルにおける環境保護の取り組みの一環として森林法の制定が課題となったのである。

連邦法は当初は競合立法として策定が開始されたが、州政府は「第 2 章森林の維持」について州森林法の原則を規定するものであるべきと主張したため、最終的にはこの規定は大綱的規定、すなわち連邦が基本原則を決め、州政府がこれを具体化するとされた。このため連邦森林法は、森林所有者に直接的に適用されず、連邦法における原則を州森林法の中に採用し、州の必要性と可能性に応じて補足することを州政府に義務付けている[9]。これを踏まえて、各州政府は森林法の改正、あるいは新規立法を行った。また、旧東独各州もドイツ統一後、統一条約に基づき 1994 年までに連邦森林法を受けた州森林法の制定を終えている[10]。環境保護の影響を大きく受けた森林法体系が全州的に採用されたのである。

連邦森林法は 1975 年の制定以来、小規模な改正はあったものの、基本的な内容は変化しないまま今日に至っている。ただし、森林管理の方向性については、1990 年前後に大きな転換があった。それは針葉樹資源の増大という生産力主義の林業から、自然に近い林業への転換であり、もともと存在していた広葉樹の比率が高い自然に近い森林へ誘導していくというものであった。これは健全な森林生態系を再生させるという面とともに、1990 年に大規模な風倒被害が生じ、針葉樹モノカルチャーの森林育成に反省が迫られた

図1　シュバルツバルトの針葉樹林
長い歴史の中でつくられてきた針葉樹林であるが、自然に近い林業の考え方の下でその管理のあり方が見直されてきている

という背景があった。この政策転換は、森林法体系などには直接的には反映されていないが、普及指導や助成政策、森林政策や自然環境保全に関わる戦略・計画などに組み込まれていった。

環境法制度の概要

　次に、自然保護関係法制についてみておこう。

　ドイツにおける最初の体系的な自然保護法は、ナチス政権下で1935年に制定されたライヒ自然保護法であり、鳥獣保護を主体とする法律であった。戦後、ライヒ自然保護法は州法として存続し、州法令によって補足・改正されていった[11]。1970年代に入ると、州政府が独自の自然保護法の制定を行いはじめ、上述のように連邦政府の環境保護に関わる取り組みが進展する中で、大綱法としての連邦法制の必要性が認識され、1976年に連邦自然保護法が制定された。連邦自然保護法では、農林業については適用除外とされ、林業と自然環境保全運動との軋轢が高まる起因となったとの指摘もある[12]。

連邦自然保護法は、2002 年に全面改正された。この改正は、人間中心の自然保護ではなく、固有の価値を持つ自然を保護するという観点から行われ、連携によるビオトープ保全、全国土での景観計画の策定、自然保護団体の参加権の拡大などが盛り込まれた。この改正においても農林業の除外は続いたが、「農林業が自然・景観に配慮しなければならない基準」が盛り込まれ、林業において配慮すべき指針が提示された。

　連邦自然保護法は 2002 年の全面改正以外にも、数次にわたる改正が行われてきているが、その内容は主として EU 指令や生物多様性条約などの国内法制化を進めるものであった。この中で、EU 指令は国内法化するまでの期限を定めていたが、連邦自然保護法は大綱法であったため、EU 指令を受けて連邦自然保護法の改正後、各州においてそれを実施する法律をつくる必要があった。しかし、この手続きに時間を要するために EU 指令の期限を遵守できず、欧州委員会が欧州司法裁判所に訴え、ドイツ連邦政府が罰金の支払いを命じられるに至り、制度の変革が迫られた。このため、立法における連邦と州の関係を見直す連邦制改革が 2006 年に行われ、連邦基本法において大綱的立法権限のカテゴリーが廃止され、自然保護の分野において連邦と州が競合立法権限を持つに至った。これによって連邦法を直接国民に適用できるようになる一方で、州は州法によって連邦法と異なる規定を置くことができ、連邦法と州法では州法が優先されることとなった[13]。

　2005 年にはキリスト教民主同盟・キリスト教社会同盟・社会民主党の連立政権が誕生し、連立協定には環境法典の制定が含まれていた。環境法典の制定が課題となったのは、多様な環境分野において多様な環境法が成立しており、連邦法と州法も混在していたため、許認可手続きが複雑になっており、改革の必要性が認識されたためである。2006 年の連邦基本法改正を受けてこの動きが本格化し、2008 年には環境法典の草案が策定された。環境法典は、総則及び事業関連環境法（第 1 編）、水管理（第 2 編）、自然保護及び景観保全（第 3 編）、放射線保護（第 4 編）、排出権取引（第 5 編）の 5 編からなっており、第 1 編では環境に関わる許認可手続きの簡素化を進めようとした。しかし、バイエルン州が第 1 編を受け入れられないとして反対したため、環境法典の法案化には至らなかった。このため、第 2～5 篇をそれぞ

れ別個に法案化することとし、2009年に第3篇をもとに連邦自然保護法が改正され、2010年3月に施行された。「2009年法の内容や構成については、2002年に全面改正された法を踏襲しているところが大部分である。だが、これまで州法で規定されていたことを採り入れた部分もあり、自然保護の分野で、連邦が初めて網羅的に規定を定めた点で意義深い」とされている[14]。

第2項　連邦レベルの森林法制度と森林管理政策

ドイツ連邦森林法の概要[15]

　ここではドイツ連邦森林法の内容について、森林施業のコントロールに関わる部分を中心にみていく。なお、具体的に所有者などへの直接的な規定力を持つのは州法で、州ごとに特徴のある森林法をもっているので、州法の内容についても簡単に比較する。

　連邦森林法の構成は、第1章　総則、第2章　森林の維持、第3章　林業的連合、第4章　林業の助成・情報提供業務、第5章　終章となっている。総則では以下の3点を目的として規定している。

①経済的な機能、環境保全機能、レクリエーション機能の観点から森林を保全し、必要な場合にはより増大させ、適正な管理を確保すること

②林業の支援

③一般市民と森林所有者の利害調整

　森林環境保全の動きの中で連邦森林法が制定されたこともあって、経済的利用・環境保全・レクリエーション利用を等置していること、こうした等置から発生が予測される一般市民と森林所有者の利害対立に対する調整を置いていることが特徴である。林業の振興も目的として定められている。

　第2章森林の維持は森林管理政策に関する規定である。まず、5条でこの章の規定は州法制定のための大綱規定であるとし、州政府に対して本連邦森林法制定後2年以内に適正な法令を策定するか現行法令を改正することを求めている。

　森林の維持に関しては、第1に森林基本計画の策定を州に義務付けた。森林基本計画は「生態系、森林の保全機能、レクリエーション機能を勘案して

森林を維持造成すること、森林の賦存状況、森林資源、所有構造、林道などの生産基盤の改善に資することを目的として立てられる計画である」[16]。ドイツは国土計画の体系が発達しているが、総合的な国土整備計画と並んで部門別の計画がつくられており、森林基本計画も部門別計画の一つに位置付けられ、その策定に際しては国土整備計画や州計画の目標を考慮することが求められる。また、公的な土地利用・開発計画の策定機関は、森林基本計画との整合を図ることを義務付けるなど、「森林という土地利用のマスタープラン」[17]ということができる。森林基本計画の詳細は各州の森林法によって規定されているため、その内容や性格は州によって多様である。州によっては林地開発許可の運用の基礎としている州や、自然保護の指針としている州、民有林への助言や助成の根拠としている州もある。

　第2に規定されているのは、森林の維持と新規の造成である。林地転用について厳格に規制しており、林地転用は州法によって権限を与えられた官庁の許可でのみ可能とし、また、森林の維持が公益に関係し、生態系・林業生産・住民の休養に必要な場合は禁止されるべきとしている。新規植林は官庁の許可を必要とするが、これは優良農地の保護などのために20世紀初めから各州で導入されていた規定を受け継いだものである。また、森林は持続的に管理されるべきとしたうえで、主伐・間伐後の相当な期間内における更新を州法で義務付けることとした。

　なお、州では、森林の施業のコントロールに関して独自の制度をもっているところが多い。大きく分類すると以下のようである。
① 皆伐などを一般的な許可制のもとにおいて森林の公益性確保を図る州（シュレースヴィッヒ・ホルシュタイン州、バーデン・ヴュルテンベルク州、ブランデンブルク州など）。
② 一定年齢以下の森林の伐採規制を行い、森林の荒廃の予防措置を講じる州。通常針葉樹で50年生、広葉樹で70～80年生と規定している（バーデン・ヴュルテンベルク州、ヘッセン州、ザールラント州など）。
③ 施業計画の策定の義務付けなどによって計画的施業の確保を図る州（ほぼすべての州で公有林に対して義務付け）。
　第3に、保安林（Schutzwald）の原則規定を置き、公共に対する危害・

不利益・負担の防止または予防のために特定の措置が必要な場合、その森林を保安林として告示し、特定の措置を所有者に義務付けることができるとした。また、保安林の皆伐等は許可制とした。保安林の詳細については州が定め、連邦法の規定以外の措置を所有者に要求することができる。

休養林の原則規定も置き、森林を休養のために保護・保育、整備すること

図2　ドイツの森林ではレクリエーション利用が活発に行われている

が公共の福祉として必要な場合は、森林を休養林として指定できるとして、その詳細は州法で規定するとした。

このほか、森林にレクリエーションのために立ち入る権利を認め、詳細は州法で定めることとした。

第3章では、林業団体に関して、森林管理の改善を目的とした森林経営組合や林業経営団体などについて規定している。

第4章では、林業の助成と報告義務について規定しており、連邦森林法の目的規定に基づいて森林の利用・保護・保養機能のために公的助成を行うとした。この章では森林調査についても規定しており、本法の目的を達成するため連邦全体を対象とする森林調査を行うこととし、州政府がデータを収集して連邦がこれをとりまとめることとした。

ドイツ森林戦略2020の概要

ドイツでは、国家森林プログラム（NFP）の策定の挫折を経て、ドイツ森林戦略2020と称する長期森林プログラムを策定している。この策定過程と内容についてみておきたい。まず、NFPであるが、FAOが1980年代に提唱した熱帯森林行動計画をその嚆矢とするもので、1992年の環境と開発に関する国際連合会議（UNCED）においてその策定が提唱され、さらに森林に関する政府間パネル（IPF）、森林に関する政府間フォーラム（IFF）において概念規定が行われ、各国での策定が提起されてきた。欧州においては、2003年の欧州森林保護閣僚会議[18]（Ministerial Conference on the Protection of Forests in Europe）において、NFPの基本原則が採択され、その重要性が公的に認められたことから、各国がその策定・実行に取り組んでいる。

ドイツでは、食糧農林省[19]が1999年からNFPの策定に取り組み始めた。策定の第1フェーズと呼ばれる1999〜2000年には、森林と社会、森林と生物多様性、地球規模での炭素循環における森林の役割、持続的木材収穫の重要性、地域発展における林業分野の重要性の五つの課題を設定し、多様な利害関係者に呼びかけてラウンドテーブルを囲んだ議論を行った。さらに、2001〜2003年の第2フェーズでは、少数意見の尊重など参加者の意見反映

の手法の改善を図りつつ議論を継続し、2003年9月までに182の政策提言をまとめた。2004〜2006年はモニタリング段階と位置づけ、上述のNFP策定のプロセスと結果について科学的に評価を行い、全般的に良好と評価できるとしたが、提言を実行させる力が弱いと指摘された。これを受けて、2006年にはその実行をめぐって中心となる政策提案についての議論を行ったが、連邦・州政府が政策提案を具体的かつ詳細に実行する責任を持つべきと主張した環境NGOと、そのような実行責任を負うのは不可能であるとする連邦・州政府等が鋭く対立し、環境NGOが交渉から脱退した。このため、NFPは政治的に無意味となり、森林政策の舞台からNFPは消えることとなった。こうした事態が生じた要因としては、第1〜第2フェーズは社会民主党・緑の党の連立政権の下で環境NGOの主張が認められやすかったが、2005年に保守政権に転換し、NFPの具体化への意欲が喪失したことがあげられる[20]。

NFPの策定が挫折した後、食糧農林省はこれにかわる長期的な森林に関する戦略策定の準備に着手した。2008〜2010年にかけて専門家や多様な利害関係者による議論を重ね、NFPの策定過程でつくられた政策提言を参照しつつ、2011年9月に「ドイツ森林戦略2020」[21]を策定した。

この戦略では、目標を「森林に対して増大しつつある要求と森林の持続性のバランスを、将来的な要求に対応しつつ、達成すること」とし、その基本的な考え方を生態系・社会・経済の持続性を同等に追及することにおいた。また、国家持続性戦略、生物多様性戦略、バイオマス行動計画、気候変動緩和策など他の連邦戦略と協調しなければならないとした。

そのうえで、分野ごとに具体的な行動計画を策定した。設定された分野は、気候変動への対応、財産・労働・収入、木材・効率的利用、生物多様性と森林保全、施業、狩猟、水土保全、レクリエーション・健康・ツーリズム、研究・教育・啓発の9つであり、それぞれの分野で、現状、課題、解決の方向性を提示している。

このうち生物多様性については、経営から除外する森林および枯損木の割合の増大、自然林の面積の増大、Natura2000[22]による保護地域指定によって改善させていくとした。以上の取り組みは連邦・州有林がモデルとなって進

めるべきとしている。

　また、施業に関しては、現在の林地の維持と可能な場所での林地の拡大、自然に近く環境に配慮した手法での森林の生産性の増大を進めるとし、早生樹種の育成・短伐期林業は林地外で行うとした。推奨すべき施業として、混交林への誘導や、間伐による適正な密度維持、自然環境の保全と調和のとれた伐期設定などをあげている。

　この戦略については、策定過程で大きな論争があり、ドイツ林業協会は「変化するエネルギー政策、気候対策、生物多様性保全を調和させる実行可能な妥協」と評価した。「妥協」と評されるように、利害関係者すべてを満足させるものではなく、森林所有者は、経営から除外する森林を増大させるなど経営にますます規制をかけようとしていると批判し、環境 NGO は、集約的な林業生産に焦点を当て、生物多様性国家戦略を十分踏まえていないと批判した。このように、ドイツ連邦においては森林政策の方向性をめぐって、環境保護運動サイドと林業サイドの間で対立があり、その対立構造は現在も続いている。

　なお、バーデン・ヴュルテンベルク州（以下、BW 州）においても、州の森林に関わるプログラム策定の取り組みがあるので、ここで触れておきたい。BW 州においては 1998 年以降、森林・林業に関する対話を他州に先んじて進めてきた。この対話は多様な主体が参加して開催されており、1998 ～ 2000 年に森林と気候・生物多様性、森林と社会を取り上げて以来、2001/2002、2003、2006 年と 4 回にわたって開催された。生物多様性保全に関しては種の保護か生態系のプロセスの保護かといった対立が続いており、4 回目終了後に森林所有者組合が対話のプロセスを支持しないとして脱退した。このため、合意を形成して州の戦略を打ち出すことはできていない。連邦レベルと同様に、森林の生物多様性保全をめぐる社会的合意はつくられておらず、環境保護団体と森林・林業関係者との間で対立が続いている。

森林行政組織の概要と行革への対応

　連邦政府レベルでは、食糧農林省が森林行政に責任を持っている。前述のように、連邦森林法は直接森林所有者に対する政策展開を行わない大綱的な

性格を持っており、連邦政府は政策の大枠に関わる方針を決め、EUや国際的な対応の窓口として機能しており、具体的な政策展開とその実行は州政府の森林行政組織が担っている。

　州政府の森林行政組織については、州の森林署が行政事務と州有林管理経営をともに行う統一型森林行政システム（統一森林署型）を持つ州と、州森林管理署は州有林管理を行い、半官半民的な性格を持った農業会議所という行政組織が民有林行政を行う分担型森林行政システムを持つ州（農業会議所型）があった。多くの州は統一森林署型のシステムを採用しており、ドイツの森林行政・管理システムの典型として紹介されてきた。このシステムの長所は、第1に所有形態にとらわれることなく一元的に森林管理が行えること、第2に森林行政と州有林・公有林管理を一体的に行えること、第3に一般行政と区分された森林署という特別な組織が形成されることによって技術と人事の統一性の確保ができることとされている。一方、以上の長所は、変化が激しい現代社会での中では、専門性の固定化や社会との関係の弾力性の欠如、組織の硬直化などの欠点として立ち現れることも指摘されている[23]。

　こうした森林行政システムは、1990年代後半から、州政府の財政悪化、

図3　BW州の森林署

州有林の赤字経営の恒常化、行政改革の流れの中で見直しの対象となってきた。改革の内容は州によって異なるが、ほぼ共有しているのは州有林の経営改革で、州企業体による経営に移行させるなど経営の効率化が進められた。これに伴って、統一森林署型のシステムが改変され、州有林経営組織と民有林行政組織が分離されるという動きも起こっている（ザールラント州、ヘッセン州など）。このほか、BW 州では州の一体的な森林行政組織が解体され、森林署が郡[24]・特別市に移管された。また、改革の過程で人員や現場組織数の削減が行われている[25]。

　このように森林行政の改革は進んできているが、森林行政・森林管理にあたる専門的な人材の確保・育成の仕組みについては基本的には変化がなく、それを担う専門的人材の育成・確保の仕組みは維持されている。これについては BW 州を事例にして後述する。

林業への助成措置

　私有林に対する助成は連邦と州が共同で行うものと、州政府が独自に行うものの2種類がある。ここでは前者についてみておこう。

　連邦基本法は 1969 年に改正され、農業[26]構造及び沿岸保全の改善について、必要な時に連邦が州に協力すること、このために必要な支出を連邦と州とで分担することを規定し、これを具体化するために、同年「農業構造及び沿岸保全の改良に関する共同事業法（GAK）」が制定された。GAK は、生産的な農林業を確立することで、将来の要求に応えつつ EU 市場での競争力を確保し、農山村地域の振興を目指すとし、農林水産業の生産方法の向上、労働条件や経営の改善のために連邦と州が共同で財政負担を行うとした。GAK の下での事業は、連邦と州との協議により4年間の計画を策定して実行しており、財政負担は連邦が6割、州が4割で、計画の実行は州政府が行っている。この計画には、EU 共通政策などによる助成も組み込まれている。

　2015 〜 2018 年の計画[27]において、森林関係のプログラムは、初回造林、自然に近い森林育成、林業団体、林業生産基盤の4種類があり、この構成は近年、基本的には大きく変化していない。助成内容と 2015 年度の政府・EU

支出額は表2に示したとおりであり、支出額では環境に配慮した森林管理を進めるための「自然に近い森林育成」が助成の中心をなしている。「自然に近い森林の育成」では、計画策定などの準備、混交林などの育成を図るための施業費用、土壌保全などが補助の対象となっている。農地などに対する初回造林の助成も、景観や環境保全を目的としたものに対して行われている。

　以上のように、ドイツ連邦における私有林に対する助成は、環境保全に関わるものが助成額のほとんど占めており、環境対応を重要な課題とした森林政策の転換に対応したものとなっている。

表2　GAK による林業関係助成の内容と 2015 年の助成額

区分	目的	助成内容	連邦・州政府支出額 (2015)	EU 支出額 (2015)
初回造林	景観・環境保全のために、農地・休閑地に対して、植林や天然更新によって林地を広げる	更新準備作業 植林 捕植 保育	300 万ユーロ	
自然に近い森林育成				
準備作業	自然に近い林業の基礎を形成する	調査、助言	3,300 万ユーロ	1,300 万ユーロ
自然に近い森林への誘導	生態系・経済性に配慮した、より地域に適した森林の育成	単層・単一樹種から複層・混交林への誘導、植栽・更新補助・間伐 混交林への転換は 70%、広葉樹への転換は 85%		
若齢木育成	森林の安定性と活性化を図るため、場所に適した若齢木の育成	若齢木育成　除伐等		
土壌保全	土壌・腐食層の保全・再生	土壌保全		
林業団体	小規模分散所有の構造的障害を団体組織によって克服する。組織化、生産性・市場アクセス向上のための初回投資に対して支援	初回投資 団体運営 木材収集の奨励金	600 万ユーロ	200 万ユーロ
森林生産基盤				
林道整備	持続的森林管理、災害対応、レクリエーション利用のために森林の基盤を整備	林道建設・維持　一般 70%、劣等地域 90% まで等	600 万ユーロ	
土場整備	中間土場、バークビートルなどの病害虫発生予防	土場作設		

資料：ドイツ食糧農業省

第3項　連邦レベルの自然保護法制度と政策

連邦自然保護法制の概要[28]

　ドイツ連邦の自然保護の枠組みを定めているのが、2009年に改正された連邦自然保護法である。全体的な構成は第1章が総則で法の目的などを規定しており、第2章　景観計画、第3章　自然と景観の保護の一般規定、第4章　自然および景観保護区、第5章　野生動植物種の保護、第6章　海洋自然保全、第7章　レクリエーションのための自然・景観へのアクセス、第8章　自然保護団体の参加、第9章　所有者の受忍・例外、第10章　罰則、第11章　移行規定となっている。ここでは森林に関係のある規定を中心に内容をみていくこととする。

　第1章では、第1条で、自然保護・景観保全を行う目的を、「固有の価値、人間生活の基本的必要性、将来世代への責任の観点から、居住地および非居住地の自然と景観を、生物多様性、自然の機能、自然と景観の多様性・個性・美・レクリエーション価値を永久に守りつつ、保護する」と規定している。また、第5条では、農林漁業は自然・景観保全との両立を考慮して行うべきとしたうえで、森林の林業的利用については、目標を近自然林の確立とし、非皆伐施業で持続的に管理すべきであり、一定比率の固有樹種を維持すべきとしている。ただし、本法は保護地域以外で行われる通常の林業行為に対する規制力は持っておらず、第5条の規定にも施業方法を強制する力はない。

　第2章では、景観計画体系について規定している。ドイツでは国土計画の一環として、開発行為などから自然環境と景観を保全する予防的観点に立って景観計画を策定しており、この章では景観計画の内容について定めている。景観計画体系は、州全体の自然環境と景観保全の方向性を定める景観プログラム、州をいくつかの地域に分けて策定する景観大綱計画、市町村全域を対象とした景観計画、一部地域を対象とした緑地整備計画からなる。このうち、景観プログラムと景観大綱計画については州政府が定めなければならないとしているほか、景観計画は自然・景観に重大な改変が予想される場合

には市町村に策定を行うことを義務付けている。

　第3章は、自然と景観の一般的保護規定を規定しており、自然・景観へ影響を及ぼす行為は大きな悪影響を回避するようにし、このような行為を余儀なく行わざるをえない際はミティゲーションを義務付けている。なお、通常の農業・林業・漁業のための自然・景観の利用は影響を及ぼす行為とはみなさないとしており、農林漁業への配慮が組み込まれている。

　第4章は、保護地域に関する規定で、一般的な保護区の規定とNatrura2000保護区規定の二つに分かれている。

　一般的な保護区については、総則規定で、自然・景観の保護対象地域として自然保護地域、国立公園、国立自然モニュメント、生物圏保護地域、景観保護地域、自然公園、天然記念物、景観保護対象物を設定している。

　また、各州は最低でも州面積の10％以上をカバーするように保護区のネットワークを形成することを義務付けている。保護区ネットワークは、動植物の生息数を保持し、生態系の相互作用の保護・再生・発展のために形成し、Natura2000の保護状況の改善にも貢献するとしている。保護区のネットワークの構成要素として認められるのは、自然保護地域、国立公園、国立自然モニュメント、生物圏保護区、法律で保護されるビオトープ、Natura2000保護区等である。上述の自然・景観の保護対象地域と構成要素が一部異なっており、景観保護地域・自然公園等は保護区ネットワークの構成要素としては認めていない。景観保護地域・自然公園は、自然・文化遺産を保全しつつ、地域の持続的な発展をめざすことを目的としており、その他の保護区が生態系保全のために土地利用に対する何らかの制限をかけている点で性格を異にしている[29]。

　以下、森林管理に関係する主たる保護地域の具体的な内容についてみていく。

自然保護地域：特定の動植物種・生息域の保護、重要な科学・自然史・国家的遺産の保護、傑出した景観保護を理由として設定され、これらを破壊する行為は禁止される。

国立公園：自然保護地域の条件をその多く部分で満たし、多くの部分で人間活動の影響がないか限定されている面積的に大きなまとまりのある地域を

指定する。自然の動態をそのまま残すことを目的とし、これと相反しない範囲で科学的モニタリング、環境教育、レクリエーションの利用に提供される。自然保護地域と同様な保護を行う。

生物圏保護区：特定の景観タイプを代表し、規模が大きく、主要部分で自然保護の要求を満たし、また、多くの部分で景観保全の要求を満たす地域を指定する。保全・自然再生を主としつつ、自然資源を生かした経済活動も行える。コア・維持・開発ゾーンに分けて管理する。

景観保護地域：①資源の持続的利用と動植物種の生息域保護のバランス維持、②景観の多様性・特性・美・特別な文化歴史的意義、③特別な重要性をもつレクリエーションのために、法的規制力を持って指定し、自然・景観保全を求める地域。設定された目的と相反する行為は禁止される。

自然公園：面積が大きく、主として景観保護区または自然保全地区から構成され、レクリエーション利用目的に適合し、景観の保全・再生に貢献しつつ持続的な土地利用を進めることができ、持続的地域発展に適した地域を指定する。指定目的に従って管理を行う。

法律で保護されたビオトープ：ビオトープとして特別な価値を持つ自然・景観の一部を法的に保護するもの。ビオトープには自然が維持された河畔域、湿地、砂礫地・矮性林・ヒース地、湿地林・河畔林、高山性草地などが含まれ、法的に保護されたビオトープは登録・情報公開され、登録されたビオトープを破壊または重大な悪影響を及ぼす行為は禁止される。

　続いて、Natura2000 の保護区ネットワークの規定が置かれている。Natura2000 保護区の指定は連邦政府と州政府が共同して行うこととし、州政府が EU 指令に従って保護区域を設定して EU に報告するが、この際に連邦政府との協議を義務付けている。また、Natura2000 保護区に対して著しく悪影響を及ぼす行為は禁止するとしている。

　このほか本法の特徴をあげると、第8章で、自然保護団体に対して、本法をもとに連邦・州政府が策定する規則の制定や計画認定などに際して意見を表明する権利を与えている。自然保護団体に対して本法の実行プロセスに関与する権利を付与している点で重要な規定である。また、第9章では本法による自然環境・景観保全について、過重な制限をかけるものでない限り、土

30

図4　保護区を示す看板（BW州）

地所有者に対して受忍する義務を課している。また、保護地域に指定されている土地などに対して、州政府に先買権を与えている。

連邦生物多様性国家戦略と森林

　ドイツは、生物多様性国家戦略を2007年に策定している。他のEU諸国と比較してその策定に長い期間を要したが、連邦レベルのすべての省庁の合意形成の結果として策定されたもので、連邦政府の各分野の政策に埋め込まれるものとされている[30]。この戦略の中では、森林における生物多様性保全の基本的方向性が指し示されている。以下、その内容を簡単にまとめておこう。

　まず、未来のビジョンとして、森林内の生物コミュニティの状態がより改善されること、自然林が自然のプロセスによって維持されるようになること、自然のプロセスを活用した近自然林業によって生態系機能が強化されること、老齢木と枯損木が十分な量と質で存在することを掲げた。

そのうえで、具体的な目標として、自然林・近自然林を保全・拡張する、契約による自然環境保全を全私有林面積の 10％ で行う、2010 年までに連邦・州で公有林管理に生物多様性を組み込むガイドラインを策定し、2020 年までに実行するなどを設定した。また、公的森林所有が以上のような取り組みを先導すること、社会啓発としての森林教育をさらに拡張することとしている。

行動計画では、ドイツ連邦政府はできる限りすべての森林施業において近自然林業経営を求めるとしているほか、連邦森林法を持続的森林管理の定義・内容をより明確化させるよう改正すること、州政府は近自然林業を推進すること、所有者等は持続的森林管理・近自然林業の原則を推進するとしている。

以上のように、森林に関しては、自然林・近自然林の維持・拡大を基本的な方向性として、生物多様性保全を進めていくことが特徴となっている。

第2節　バーデン・ヴュルテンベルク（BW）州における森林管理政策

これまで述べてきたように、州政府はそれぞれ独自の森林・自然環境保全の制度・政策を展開してきている。ここでは BW 州を例にとって、その具体的な展開についてみていくこととしたい。ドイツ南西部に位置する BW 州は「シュバルツバルト（黒い森）」があり、ドイツ国内でも森林面積が大きく、林業生産活動が最も活発な州の一つである。

BW 州の森林管理政策の仕組みは、保護地域に指定されているなど特別な規制がかかる森林に対するものと、森林法による一般的な施業のコントロールの二つに分かれる。以下、それぞれについてみていくこととする。

第1項　BW 州の自然保護政策と保護地域の設定

まず、BW 州の自然保護に関わる法制度と生物多様性に関わる計画について述べ、続いて自然環境保全のために何らかの規制をかけている保護区につ

いてみていく。また、州森林法等によって規定されている自然環境保護以外の保全的なゾーニングについてみる。さらに、州森林法によって策定が求められている森林機能図についても述べる。

自然保護関連法制度・組織・計画の概要

2002 年の連邦自然保護法の全面改正を受けて、BW 州の自然保護法（自然保護・景観保全・レクリエーション利用に関する法律）は 2005 年に改正された。連邦森林法は具体的な森林管理のコントロールの内容や手法を州法に委ねているが、自然保護法の場合は連邦法で自然保護地域等の枠組みなど制度や手法の基本が設定されており、州法は基本的に連邦法の構成を踏襲している。BW 州においても、改正自然保護法は連邦自然保護法と基本的な内容はほぼ同じで、州が独自の規定を置いているのは、景観計画や Natura2000 の指定のように連邦法が各州にその内容や手続き規定を委ねている事項や、州で組織している自然保護関連行政機関やその役割などに限られる。BW 州における森林管理政策の仕組みをみていくうえで、これら州独自の条文が関与することはほとんどないので、ここではその内容については触れない。

BW 州の自然保護行政を所管しているのは環境・気候・エネルギー省であり、政策の策定や政策実行の全体的な調整を行っている。現場レベルでの自然保護行政の実行は、郡・特別市が担っている。なお、環境・気候・エネルギー省は州内に 4 つの地方機関を有し、郡・特別市の行政執行の支援・調整を行っている。また、環境行政を支援する研究組織として BW 州環境・計測・自然保護研究所がある。

BW 州では自然環境保全に関わって「自然保護戦略」と「生物多様性のための行動計画」を策定している。前者は、自然保護全般に関する政策の基本方向を示したものであり、後者は、ドイツ国家生物多様性戦略を受けて BW 州の生物多様性保全政策の基本方針を示すものである。

「自然保護戦略」は 2013 年 7 月に BW 州政府が決定したもので、2020 年までに生物多様性の損失を止めることを基本とし、以下の三つの方向性を打ち出した

環境に配慮した生産活動；保護区のネットワークを整備するとともに、生態系・気候変動に配慮した農林業生産を展開するなど、生産活動全般を環境と両立可能なものとする。

大規模な保護区の設定；人間活動と環境保全が調和した持続的な管理を目指して、自然公園やユネスコエコパーク[31]などをモデルとした取り組みを進める。

自然体験の推進：多様な世代に多様な自然体験を提供することで、自然に対する関心を高めるとともに生物多様性保全の責任を自覚してもらう。

　森林に関する個別的な戦略として、自然に近い形で管理経営し、林内に老齢・枯損木を増やすことで、希少種を含め種の多様性を維持することを設定した。また、生息域の連続性の確保を進め、グリーンインフラとして整備することを打ち出した。

　次に、「生物多様性のための行動戦略」である。連邦政府が策定した生物多様性国家戦略を受けて、いくつかの州は州生物多様性戦略を策定したが、BW 州は州独自の公的な生物多様性戦略を策定する道をとらず、いくつかの政策の束からなる「生物多様性のため行動計画」を 2008 年に策定した。この行動計画は以下の四つの要素からなる。

111 の種バスケット；BW 州において生物多様性保全上特に重要な種を指定し、保全のための取り組みに活用する。絶滅危惧種や指標種など、動物90 種と植物 21 種を指定している。

自治体のための生物多様性チェックプログラム：自治体が自主的に取り組むプログラムで、当該自治体で重要な種を対象として、生物多様性の状況をチェックし、施策の改善に役立てる。

気候変動への対応研究プログラム：気候変動が生物多様性に与える影響について研究を行い、気候変動に対応するための提案を、森林生態系、生息域の接続性、水圏生態系の安定、外来種、情報・コミュニケーションの5つの分野で行う。

森林の生物多様性指標の設定：経営林に関して、輪伐期の短さなどから老齢木や枯損木が少ないことが、生物多様性保全上大きな課題であることが認識されてきた。このため、経営林について人工林をできるだけ自然に近い

第2章　ドイツ

形へと移行させていくことが重要であるとして、経営林の中にできるだけ老齢木、枯損木を増やすことなど具体的な指標の提示を行った。

以上は取り組むべき基本方向やモデルを示したものであり、例えば「森林の生物多様性指標の設定」については個人や団体有林にその実行が強制されるわけではない。したがって、この行動計画を実質化させるためには、普及や指導などが不可欠となる。ただし、州有林については本行動計画に従うことが義務とされている。

自然保護地域の指定

表3は、BW 州における森林に対する自然環境保全のための地域指定を総括したものである。

前述のように、連邦森林法は保安林制度を規定し、その具体化は州が行えるようにしたが、BW 州の森林法では保安林の中に厳格な自然保護を行うカテゴリーを設けることとし、保存林・保護林・生物圏保護区のコアエリアという三つのカテゴリーを設けた。保存林は、自然の推移にゆだねる森林で、施業が禁止され、枯損木や倒木などの搬出も禁じ、基本的に人間の手を加えない厳しい規制を課している。保護林は、特定の植物社会または林分構造を維持・更新するものとし、森林官庁は所有者の同意を得て施業の内容を定めるとした[32]。生物圏保護区のコアエリアは、連邦自然保護法によって規定されたものを、BW 州の森林法で具体化したものである。

次に、連邦および州自然保護法で規定された保護地域がある。これら保護地域の趣旨については連邦自然保護法の項で述べた通りである。自然保護地域は厳しい規制がかけられているが、景観保護地域や自然公園は持続的な土地利用や地域発展をめざし、農林業の展開によって地域景観の保全を図るという性格も有しているため、前者は規制はあるものの厳しくなく、後者は法制度上は特別な規制がかかっていない。

ビオトープは、連邦自然保護法に規定された法律で保護されたビオトープとともに、BW 州森林法において保安林の一つのカテゴリーとしてビオトープ保安林が設定されており、後者は希少な森林および希少な動植物種の生息域として重要な森林を指定している。これらに対しては、森林の状態に変化

35

表3 BW州における森林に対する自然保護地域の指定状況

区分		面積（ha）	森林面積に占める比率(%)
BW州森林法による保護林（保安林のカテゴリー）	保存林	6,661	0.3
	保護林	17,660	1.3
	生物圏保護区のコアエリア	2,645	0.2
自然保護法による保護区	自然保護地域内の森林	45,742	3.3
	景観保護地区内の森林	454,264	32.8
	自然公園内の森林	660,070	47.6
森林ビオトープ	連邦法によるビオトープ	40,006	2.9
	BW州森林法によるビオトープ保安林	19,295	1.4
	その他希少種ビオトープ	22,646	1.6
Natura2000指定森林		384,996	27.8
自然環境保護のための森林保護地域合計（重複除く）		1,044,805	75.4
全森林面積		1,386,200	100

資料：Spielmanほか（2013）

を与える行為は許可制とし、規制をかけている。

　このほか、Natura2000保護地域にも森林が含まれている。Natura2000指定地には管理計画が策定されており、管理計画の中で指定目的に応じた管理内容＝森林施業への規制が設定されている。例えば、自然林・高齢林を好む種の保全が課題となる森林では、枯損木や高齢木の保全を行う施業が求められるが、草原や疎林が生息地として重要な地域ではこれらを保全するような措置が要求される。このような施業は所有者にコスト負担をかける場合が多いため、契約的手法によって所有者への補償が行われている。

　自然保護のための地域指定がされている森林は、全体の75.4％と高い比率となっている。保存林やビオトープなど厳しい規制をかける森林の面積はわずかであるが、指定目的に応じて詳細な施業規制をかけるNatura2000指定森林も約28％を占めている。また、景観保護地区や自然公園指定地といった強い規制をかけない保護地域によって広大な面積の森林の保護の網をかぶせている。このように多様な規制内容を持った保護区によって全森林の約4分の3がカバーされており、景観や環境に配慮した森林管理が進められている。なお、Natura2000については、指定によって影響を受ける土地所有者や農林業関係団体の抵抗が強く、指定に積極的に自然保護官庁と森林官庁との間で大きな対立があったことが報告されている[33]。

自然環境保全以外の公益的機能発揮のためのゾーニング

　自然環境保全以外のゾーニングは、森林法および水保全法によって行われている。

　まず、BW 州森林法では、先に述べた保護林のほかに、土壌保安林、有害な環境作用に対する保安林の 2 種が規定されている。

　土壌保安林は土壌侵食などの危険がある森林で、30 度以上の急傾斜地の森林、落石の危険がある森林、30 度未満であるが浸食などの恐れのある森林が指定される。皆伐は許可制であり、指定目的に影響がない場合は許可されるが、1 ha を越えてはならず、土壌保全へ配慮した集材方法をとることを求めている。

　有害な環境作用に対する保安林は、地下水や地表水の保護、住宅地への新鮮な大気の循環の確保、大気汚染からの予防・保護、水・風などによる浸食・干害・雪崩などからの保護のために指定される。

　森林法では、保安林のほかにレクリエーション林の規定がある。人工密集地域、都市および大規模な住宅地の近辺、温泉・療養地などレクリエーション地域にある森林で、レクリエーションの目的で保全し、育成管理することが公共の利益のために必要な場合に、法令により指定される。森林施業の方法と範囲については規則または条例で定めることとなっている。なお、私有林での法定レクリエーション林の指定は、国有林・団体有林がレクリエーションの需要を満たすのに十分でない場合等に限って行うものとされている。

　このほかに、連邦・BW 州水保全法による河畔域保全の規制もある。EU の水政策枠組み指令（European Water Framework Directive）の実行を促進するために、2010 年に連邦水保全法が抜本的に改正された。連邦水保全法は、環境・人間生活・野生生物の生息場所・水利を持続的な水管理を通じて達成しようとするものであり、最低流量の確保や河畔域の保全などの規定を置いた。森林・林業に関わって特に重要なのは河畔域の保全であり、氾濫原（floodplain）における河畔林が保護の対象となり、転用が禁止されるほか、樹木の伐採や植生の採取が規制されている。

森林機能地図

　BW州森林法では、州全体に対して森林機能地図を作成することを求めている。これは州森林法および州自然保護法によって規定された保護・保全のための保護地域等のゾーニングのほか、法的な裏付けを持っていない機能別ゾーニングなどを地図化したものである。森林機能地図は、森林基本計画（後述、BW州森林法によって規定された州の森林基本計画）策定の基礎となり、森林計画の策定、森林経営を行う際に依拠すべき資料となるほか、連邦・州・地域レベルの国土計画の策定支援ツールとなる。機能区分や機能評価を行う手法に関しては、BW州の森林研究所が州政府とともに開発を進めてきており、機能図の作成も研究所が行っている。手法については継続して改善されてきており、機能地図も毎年改訂されている。

　表4は、2009年時点でBW州森林機能図に記載された保安林などの面積を示したものである。ここで法定とされているのは、前述の森林法の下で規定された土壌保安林、レクリエーション林、および水保全法の下で保護の網がかぶせられている森林である。レクリエーション林および水保安林には法律の下で指定され法的規制のもとにおかれている森林のほかに、法的規制の対象とはなっていないがレクリエーション利用や水保全上重要と認められた地域がゾーニングされている。

　このほか、法律には規定されていないが、農地・レクリエーション地域などで防風・温度や湿度の緩和などの機能を果たす環境緩和林、道路沿線など大気汚染からの人の健康を守る汚染防止林、建築物などの修景するための森林などが機能図に落されている。

　森林機能図は、森林基本計画や国土計画等を通して森林における公益的機能を確保することを目標として作成している。林業生産活動が排除・規制される地域について地図化して示すだけではなく、それ以外の一般的な森林についても、重要な機能を持つ森林を地図上に明示し、林業生産活動などに対して配慮を求めている。先に述べたビオトープ保全対象地についても、研究所が州内森林の調査を行う中で保護すべきビオトープを特定して地図化していった経緯がある。環境配慮をすべき森林について根拠を持ったデータに基づいて地図上に明示していることは、環境に配慮した政策展開・森林管理を

第2章　ドイツ

表4　森林機能図にゾーニングされた森林面積

種類	面積（ha）	森林に占める面積(%)
全森林面積	1,392,921	100.0
法定土壌保安林	248,792	17.9
法定水保安林	378,370	28.6
その他の水保安林	66,386	4.8
環境緩和林	177,403	12,7
大気汚染などからの影響防止林	113,809	8.2
修景林	4,025	0.3
法定レクリエーション林	11,822	0.9
その他のレクリエーション林	382,212	27.4

資料：BW州森林研究所
注：自然環境保護関係のものは計上されていない。なお、表3と出所が異なるため、全
森林面積が一致していない

行う上で重要な役割を果たしている。

第2項　BW州の森林管理政策[34]

　本項ではBW州の森林法において規定されている、森林施業に関わる一
般的な規制について述べたうえで、その実行の仕組みについて行政組織と併
せて明らかにする。また、近自然林業に関わる州の取り組みにも触れ、森林
環境保全を進めるための経済的なインセンティブ供与の仕組みについて述べ
る。

森林法の概要

　BW州森林法第2部「森林基本計画および森林の維持」では、森林基本計
画と森林の維持について規定している。森林基本計画は、国民生活および経
済の発展に必要な森林の機能を確保することを目的とし、森林の秩序維持及
び改善に資するよう策定する。策定にあたっては、連邦および州の国土計画
の目標を遵守すべきとし、森林基本計画は国土計画の一環としての森林のマ
スタープランとして位置付けられている。森林基本計画の策定にあたって基
礎とすべき原則として、保全・レクリエーションなど多面的機能を確保する
こと、生産に適した土地では他の用途が優先しない限り最大限の高価値な木
材生産を追求すること、保全・レクリエーション上重要な森林は経済的利用

39

に配慮しつつ適切なまとまりを確保して施設等の整備を行うこと、小規模零細な所有によって合理的施業が阻害されている場合には林業団体の組織などを講じること等を設定している。多面的機能保全を中心としつつ、生産の最大化、林業の組織化も入れ込んだ計画内容となっている。また、計画には森林の機能や生態系保全上重要な森林ビオトープについて記載することを求めており、環境配慮型施業を実行するうえでの基礎計画としての役割も果たしている。

　森林の維持に関しては、林地転用に関して厳しい規制を置き、森林官庁の許可がなければ行えないことを規定している。

　第3部「森林の育成管理及び施業」では、森林管理に対する規制などの内容について詳細に規定している。森林所有者に対して、持続的・計画的に、また、専門知識に即して施業するとともに、環境へ配慮する義務を負わせている。さらに、施業の具体的な規制として、以下のような規定を置いている。

皆伐規制：1 ha 以上の皆伐は森林官庁の許可を必要とする。森林所有者が再造林義務に繰り返し違反している場合や、土壌・水循環を長期に著しく損なう場合・その他森林保全機能やレクリエーション機能を著しく損なう場合は不許可とすることができる。他人の所有林に接する森林において皆伐をしようとする場合は、2か月以上前に届け出ることとし、森林官庁は隣接森林の施業と調和させるよう努力する。

未成熟林分の保護：50 年生未満の針葉樹林、70 年生未満の広葉樹林の皆伐は禁止。

再造林義務：立木のない、または十分に立木のない林地は3年以内に再造林しなければならない。再造林の義務は、人工造林地または天然更新地を保護し保育する義務も含む。

自然環境への配慮：森林施業にあたって、自然環境、自然の循環や、自然景観の多様性及び自然特性に配慮すること、動植物の十分な生存空間を確保すること、レクリエーション利用の可能性を維持・発展させることを求めている。

森林の分筆許可制：林地の分筆は森林官庁の許可を必要とする。秩序に則っ

た森林施業が困難となる 1/3ha 以下への分筆は不許可とすることができる。

森林の計画的な施業：国有林・団体有林に経営計画の策定と、この計画に基づく管理・経営を義務付け、一定規模以上の私有林に経営計画策定を義務付けることができる。

専門知識に基づいた施業の実施：国有林・団体有林は専門知識に基づいた施業を確保するために、原則として森林官吏が経営の管理実行を行わなければならない。また、森林署の署長、森林管轄区の長、小規模の森林管轄区の長は、原則として規定された専門的教育を受け試験に合格したものだけを任命することができる。

先買権：市町村および州は林地の先買権を有し、森林構造の改善や森林保全機能・レクリエーション機能の確保のために森林の買い上げが必要な場合、この権利を行使することができる。

なお、森林法による規制による損失については、この法律に基づく措置が収用の効果を有する場合に限り損失補償を行うと規定し、補償を行うケースを限定している。

このほか、森林法の中でレクリエーション目的での森林への自由な立ち入りの権利保障を定めている。

2020 年に向けた森林保全の包括的構想

前述した BW 州全体の自然保護戦略の策定とほぼ並行して、森林に特化した保全の方向性が検討され、2014 年に「森林保全の包括的構想 2020 年の森林保全目標（Gesamtkonzeption Waldnaturschutz ForstBW mit den Waldnaturschutzzielen 2020）」が州閣議で決定された。この構想は、森林政策分野での生物多様性保全などを含めた自然環境保全に向けた取り組み方向を包括的にまとめたものであり、その概要を述べておきたい。

この構想の基本は、BW 州の自然保護戦略など既存の戦略や計画を、森林分野の具体的な目標へとつなぐものとされており、単発的に出されてきた森林関連の保全計画・指針などを、生物多様性条約など国際的動向や連邦による取り組みを踏まえて再検討し、10 の目標にまとめ上げたものである。州

有林は、この構想に従って管理・経営することが義務付けられた。

構想で設定された 10 の目標は、以下のとおりである。

①地域の特性を反映した自然林の比率を広げ、自生種を主体と森林の比率を最低でも 80% とする。

②森林の成長に伴い陽樹の生育が困難になっていることから、林内の光環境を改善して陽樹の比率を 15% として、樹種多様性を維持する。

③光環境が良好なところで成立した特殊なビオトープを、森林の遷移による影響から保全する。

④保全上重要な森林の伝統的利用や技術（特にナラの萌芽林施業）を受け継ぎ、必要であればその実行を促進する。

⑤湿地などに成立した野生生物の生息域として重要な森林を維持・再生する。

⑥森林生態系において特に保全すべき種を指定し、その保全のための方策を森林施業に組み込む。

⑦上述の取り組みを進めるために、保全すべき種とその生息に必要とされる森林構造に関する情報を集積・モニタリングするシステムを構築し、森林施業を行うための支援ツールとする。

⑧ 24,500ha の森林を厳正に保護して、自然の遷移と生息域保護に貢献する。また州有林での原生保護林の比率を 10% に引き上げる。

⑨以上の目標を達成するために応用研究を進める。

⑩森林管理の透明性を確保し、森林管理をめぐる専門家と市民のコミュニケーションを改善する。森林・林業関係者の自然環境保全に取り組む能力を向上させる。

この構想は、参加型プロセスで策定されたことが特徴となっている。策定は 2011 〜 13 年に約 3 年かけて行われ、多様な分野の専門家による検討を行うとともに、一般市民も検討内容を学習しつつ、構想作成に参加できるようにした。構想をできる限りわかりやすく、また現場で実行しやすいものとするための検討も併せて行っている。

森林行政組織と任務

図5　保全されているナラ萌芽林　旧薪炭林で日本の里山にあたる
（ノルトライン＝ヴェストファーレン州）

　BW州森林法では、森林行政の任務を以下のように規定している。
①州有林の管理と施業
②団体有林の経営管理、助言
③私有林における助言、指導及び技術援助
④森林における助成措置
⑤森林基本計画の策定
⑥森林の監督及び森林警備の実行
　また、自然保護や自然景観及びレクリエーション施設整備にあたっても、技術支援や業務支援を行い、森林に関わる自然保護にも専門的立場から関わることとしている。
　上記の「森林の監督」の具体的な内容については、団体有林および私有林を維持し、被害から守り、秩序に即した施業を確保する行為であるとし、森林所有者が森林法等に基づく義務を遂行しているかを監督し、違反行為の防

止・訴追にあたるとしている。また、森林監督行為の行使にあたっては、警察法の警官と同等の資格を有すると定めている。森林所有者が規定に違反した場合には、行政担当者は所有者に通知し、所有者が違反を放置した場合には違反状態から回復させるための命令を発することができる。

BW州の森林行政組織は、2005年に大きく組織改編された[35]。改変前は食料・農山村地域省のもとに二つの地方森林管理局が置かれ、そのもとに163の森林署と団体有林森林署が置かれ、州として一体的な森林行政組織を形成していた。森林署は管轄地域内にある州有林経営と団体有林経営・私有林の監督・支援行政を包括的に行う統一森林署としての役割を果たしており、現場レベルの業務は森林署の下に置かれている森林管轄区において実行されていた。

しかし、2005年1月に、州レベルの行政組織の縮小・人員削減、地方森林管理局の州政府行政区庁への移管、森林署の34の郡と9の特別市への移管が行われた。旧森林署が行っていた業務内容は、郡・特別市への移管後も変更はなく、現場レベルの業務実行主体が森林管轄区であることも変化がなかった。

図6　BW州　ロッテンブルグ大学
現場レベルの森林官を育成する単科大学

第2章　ドイツ

図7　BW州　ケーニヒスブロン作業員学校
林業労働者を育成する教育施設　働きながら学ぶデュアルシステムによって現場労働者を育成している

　このように抜本的な森林行政改革が行われたために、改革時は森林行政・管理の水準の低下が懸念されたが、それが現実化したとの報告などは今のところ見当たらず、筆者の調査でも管轄区レベルの森林行政・監理の業務状況は改革前と大きく変わりはなかった。この要因としては、森林行政にあたる専門的な森林官の養成システムが確立しており、高い専門性を持った森林官が改革前も現在も現場の業務を担っていることがあげられる。

　前述したように、BW州森林法では規定された専門的教育を受け試験に合格した者が森林行政を担うとしており、専門性に基づく行政が法的にも裏付けられている。また、現場レベルの森林官の育成はロッテンブルグ大学など専門的大学、管理職レベルのフォレスターの育成は総合大学であるフライブルク大学で、いずれも現場を重視した専門的なプログラムで行われている。こうしたプログラムで教育を受けた者のみが州の森林行政官となり、就職後も州政府組織によって継続的な教育が系統的に行われている。こうした専門的森林官に地域の森林行政を任せるという社会的な合意も形成されている。

　このような専門的森林官の養成と、森林行政をこれら森林官によって行う

という仕組みが確立しているため、組織改革が行われても森林管理・行政の水準が確保されている。また、郡・特別市に移管された故に地域の意見を反映しやすくなったという意見も聞かれる。改革後も州の森林行政の一体性が維持されており、地域性の反映がよりしやすくなったという積極面もあるとみられる。

森林官による施業コントロール

　森林管轄区の森林官は高い専門性を持ち、同一地域に長期間勤務することで地域の森林を知悉し、森林所有者・地域住民と信頼関係を築いてきた。そうした基盤の上で、州有林や団体有林の管理経営や私有林に対する監督やサービス提供を行っている。ここで改めて、その役割を整理しておきたい。

　まず監督については、森林法など法令で定められた規制を森林所有者などが順守しているかをチェックし、違反が生じそうな場合には必要な措置をとる。これは許可申請などを通して行われる場合もあれば、日常的な森林所有者とのやりとりや、巡視などを通して行う場合などさまざまである。

　所有者に対するサービスは、大きく助言と指導に分けられる[36]。助言は、私有林の秩序正しい経営を保障するためのものであり、無料で提供される。施業に関する技術的な情報提供や、森林保護の方法、林業団体の組織化や施業の集約化などが含まれる。

　指導は、経営診断や年間経営計画の策定、請負業者の監督、木材販売への支援などを指し、私有林の経営利益に直接結びつくような内容を持つため、有料で提供される。

　このほか、森林官は森林管理に関わる助成の窓口ともなる。

　なお、枯損木を残存させるなどの環境配慮型施業については、森林官は所有者などに働きかけはするものの、所有者に義務を課しているわけではないので、必ずしも実行を確保できるものではない。さらに言えば、ドイツの森林は一般によく手入れされているといわれ、実際によく手が入っているが、間伐などは義務ではなく、森林官が所有者に強制はできないため、間伐の遅れなど適切な管理のされていない森林も存在している。以上のような点で、森林官による施業監督によって法令を遵守した適切な森林が行われつつも、

図8　ニーダーザクセン州の森林官
地域の森林を地悉した森林官が持続的な森林管理を支えている

万能なものでないことは押さえておきたい。

森林管理に対する助成

次に、BW州において森林管理に関わる助成がどのように実行されているのかについてみてみよう[37]。

BW州森林法には林業の助成に関する規定があり、連邦との共同プログラムの範囲内で助成を行い、森林の機能の維持のため必要な場合に限り、その他の措置を助成できるとしている。これに基づいて前述した連邦政府・州政府共同による補助金（GAK）に州政府独自の補助金を付加しているほか、州独自に環境補償プログラムを実行している。

前者については、BW州では連邦政府・州政府共同による補助金と州政府独自の補助金を合わせた包括的な助成金支給政策を定めた「持続的森林管理のガイドライン」が策定されており、近自然林業のフレームワークのもとに助成を提供している。基本的な内容は、前述した連邦の計画と同じである

が、BW 州独自の助成として生態系保全に関するカテゴリーがあり、ビオトープなどの維持、河畔域保全、Natura2000 保護域保全のための環境契約などが含まれている。2007 ～ 2013 年の助成額は 4,780 万ユーロ（このうち 350 万ユーロが EU、4430 万ユーロが州（GAK による連邦政府の支出を含む）の支出）で、助成額が大きかったのは自然に近い森林育成のカテゴリーであり、州独自の生息域や河畔域についての助成は多くはなかった。

　次に BW 州独自の助成政策である環境補償プログラムついてみてみよう。このプログラムは 1991 年に条件不利地域対策としてスタートし、当初は「自然的条件によって林業収益性が低く、経営が困難な地域の林業経営を補償すること」および「自然環境と農村景観を維持・保護するために不可欠な農林業経営の存続を保障すること」[38] を目的としていた。2000 年に生態系保全など自然環境保全への支援を強化しはじめ、2008 年には自然環境保全を主体としたものへと大きく転換し、Natura2000 指定地域の補償も組み込み、名称も森林補償プログラムから環境補償プログラムへ転換した。

　現在の環境補償プログラムの内容は、以下のとおりとなっている。
環境補償 B：土壌への負荷が低い集材方法の採用など　40 ユーロ /ha
環境補償 E：レクリエーション利用を考慮に入れた森林管理　20 ユーロ /ha
環境補償 W：河畔域での農薬不使用、重機利用・土場作設の回避 20 ユーロ /ha
環境補償 N：Natura2000 指定森林の保全　50 ユーロ /ha

　2000 ～ 2006 年には 1 万件 15 万 2,000ha を対象に 4368 万ユーロを支援し、2007 ～ 2013 年は年平均 586 万ユーロ、総額 4,100 万ユーロを支援した。

　以上のように BW 州では、環境配慮型の GAK 補助金の枠組みに、額は多くはないもののビオトープや河畔域保全のための助成を加えているほか、州独自の環境補償プログラムによって環境配慮型の施業の推進や Natura2000 保護区の設定へのインセンティブを供与している。環境に配慮した森林管理へと転換しようとする政策を経済面で支えるために、助成政策も大きく転換してきているのである。

近自然林業の取り組み
　これまでも見てきたように、ドイツ、特に BW 州において、近自然林業

図9 自然に近い森林へと誘導されている森林（BW州）

は森林づくりの基本方向として据えられている。州政府は2000年に州有林の森林計画に関わる政令を出し、この中で近自然林業を基本概念として設定するとともに、団体有林に対してもその実行を推奨している[39]。この政令において規定された近自然林業は、以下のような内容を含んでいる。

① 森林機能図に基づいて安定した森林生態系を形成し、自然の遷移を確保するため一定の範囲内で自然攪乱を組み入れる。
② 樹種選択に当たっては自生種を優先する。
③ 樹種混交・多層林育成や単木施業を進める。
④ 天然更新を主体とする。
⑤ 天然更新を追加措置なしで可能とさせるために狩猟鳥獣の個体数管理を行う。
⑥ 薬剤を利用しない病虫害管理を行う。
⑦ 森林施業にあたっては土壌や立木の損傷を避ける。
⑧ 自然環境と景観保全を施業に組み込み、ビオトープの地図化などを行う。

枯損木などの維持や自然遷移の組み込みを行う。

近自然林業の指針についてはガイドライン化されており、森林のタイプごとに、目標とすべき森林の姿、それを達成するための施業方法などが示されている。

以上のような指針を作成したうえで、私有林においても近自然林業が進むように、林業の助成措置に経済的なインセンティブを組み込んでおり、州有林が先導する形で近自然林業を進めようとしている。

BW州においては環境保全型森林管理をめざして、戦略・計画、ガイドライン、助成政策を組み合わせて政策を進めている。特に、生物多様性保全や環境配慮については、何をめざしてどのように行うのかという具体的指針を作成し、一般向けに示しており、それを地域に根差した森林官が実行・支援していること、州有林がその手本を示していることが重要である。

脚注

1 市町村有林がその主体をなしている。

2 カール・ハーゼル（中村三省訳）（1979）林業と環境、日本林業技術協会、167〜172頁

3 山縣光晶（1999）ドイツの森林・林業（前掲日本林業調査会編）157〜194頁

4 前掲カール・ハーゼル（1979）177〜179頁

5 Spielmann, M., Bucking, W. Quadt, V., Krum, F. (2013) Integration of Nature Protection in Forest Policy in Baden-Wurttemberg, European Forest Institute, 66pp

6 ドイツ森林法制度で規定されているSchutzwaldについて、山縣（1999）は保全林と訳しているが、本稿ではフランスも含めて森林法体系の中で規制的な法定ゾーニングを行っている地域については保安林という用語を用いることとする。

7 北山雅昭（1992）ドイツ連邦共和国における自然保護法制（一）、比較法学25（2）、1〜37頁

8 前掲山縣光晶（1999）

9 前掲カール・ハーゼル（1979）

第 2 章　ドイツ

10　前掲山縣光晶（1999）

11　渡辺富久子（2010）ドイツの連邦自然保護法―2006 年連邦制改革を受けて―、
　　外国の立法 245、56 〜 81 頁

12　前掲 Spielmann, M., ほか（2013）

13　中西優美子（2007）ドイツ連邦制改革と EU 法―環境分野の権限に関するド
　　イツ基本法を中心に、専修法学論集 100、173 〜 208 頁

14　前掲渡辺富久子（2010）

15　本項の記載にあたっては、前掲山縣光晶（1999）を主として参考とした。

16　柿澤宏昭・岡裕泰・大田伊久雄・志賀和人・堀靖人（2008）森林施業規制の
　　国際比較研究：欧州諸国を中心として、林業経済 61（9）、1 〜 21 頁

17　前掲山縣光晶（1999）

18　欧州森林保護閣僚会議は 1990 年に開始した高官レベルの会議で、欧州の持続
　　的な森林管理の達成を目指した議論を積み重ねている。会議の決定は各国を
　　束縛しないが、各国の森林政策の展開に大きな影響を与えてきている。

19　食糧農林省は 2001 年、2008 年、2013 年に組織・名称変更を行っているが、
　　本項では煩瑣を避けるため 2001 年以降も食糧農林省と表記する。

20　Winkel. G., Sotirov, M（2011）An Obituary for National Forest Programmes?
　　Analyzing and Learning from the Strategic Use of "New Modes of
　　Governance" in Germany and Bulgaria. Forest Policy and Economics 13, 143
　　〜 154

21　Federal Ministry of Food Agriculture and Consumer Protection（2011）
　　Forest Strategy 2020 Sustainable Forest Management - An Opportunity and
　　a Challenge for Society

22　Natura2000 は、EU 指令に基づいて設定される保護区である。EU は 1979 年
　　に「鳥類の保護に関する指令（鳥類保護指令）」、1992 年に鳥類以外の野生生
　　物および生態系を保護することを目的とした「野生生物および生態系の保護
　　に関する指令（生態系保護指令）」を出し、これに基づいて加盟国に生態系保
　　護地域のネットワークを形成することを求めた。前者は保護すべき鳥類の繁
　　殖や渡りに重要な地域を保護区として指定すること、後者は EU 内を 7 つの
　　大きな生態系のまとまりに区分し、それぞれごとに保護すべき動植物種の生

51

息域や地域を代表する生態系を保護することを求めており、あわせて生態系保護のネットワークを形成しようとするものである。特定の保護すべき種については厳しい規制を要求しているが、その他の保護区については経済的・社会的・文化的ニーズのバランスをとった保護を求めている。詳しくは八巻一成（2005）EU の共通自然保護政策、Natura2000（石井寛・神沼公三郎編著、ヨーロッパの森林管理、J-FIC）63 〜 111 頁、を参照のこと。

23 石井寛（2005）ドイツの森林行政改革（前掲　石井・神沼編著）115 〜 145 頁

24 市町村より広域の自治組織。日本の郡と異なり、直接選挙による議会と郡長をもつ。なお規模の大きな市（特別市）は郡と同格の権限を持ち、郡の下に入らず、郡の行政機能も担う。

25 前掲石井寛（2005）

26 ここでいう農業には林業・水産業も含む。

27 Rahmenplan der Gemeinschaftsaufgabe "Verbesserung der Agrarstruktur und des Kustenschutzes" fur den Zeitraum 2015 〜 2018

28 本項の記載は前掲渡辺富久子（2010）を参考とした。

29 地域制自然公園の意義については畠山武道・土屋俊幸・八巻一成編著（2013）イギリス国立公園の現状と未来、北海道大学図書刊行会、を参照のこと。

30 ホーテス・シュテファンほか（2013）ヨーロッパにおける生物多様性地域戦略－特にドイツを中心として、ランドスケープ研究77（2）、114 〜 118 頁

31 ユネスコの「人間と生物圏計画」（MAB 計画）に基づいて提起された保護区で、正式名称は生物圏保護区（biosphere reserve）、ユネスコエコパークは日本での通称。生態系の保全と自然の持続可能な利活用の調和を目的とし、自然と人間社会の共生を追求しようとしている。

32 山縣は保存林を日本の国有林の森林生態系保護地域、保護林を植物群落保護地域と同様なものとしている（山縣光晶訳（1993）ドイツの森林法と助成措置、財団法人国際緑化推進センター）。

33 前掲八巻一成（2005）

34 森林法の条文に関する記載は主として前掲山縣光晶（1993）により、あわせて堀靖人（2010）ドイツ（白石則彦監修、世界の林業－欧米諸国の私有林経営、J-FIC）を参考とした。

35 前掲石井寛（2005）

36 前掲堀靖人（2010）

37 前掲 Spielmann ほか（2013）

38 前掲堀靖人（2010）

39 前掲 Spielmann ほか（2013）

第3章
フィンランド

フィンランドは、国土面積 3,050 万 ha のうち、約 66％に当たる 2,010 万
ha が森林に覆われている世界有数の森林国である。森林の所有主体別構成
比をみると、国有林 25％、会社有林 8％、個人有林 62％となっており、個
人有林が主体を占めている。生産力が高い南部地域だけに限定すると、国有
林はわずか 7％に過ぎず、個人有林の比率は 76％に達する。個人有林にお
ける森林所有者一人あたりの平均所有面積は、南部で約 21ha、北部で約
33ha、全国では 24ha である。

　森林経営は一般的には皆伐・再造林または天然更新で行われており、平坦
な地形を生かして高性能機械の積極的な開発・導入を進めて、低コストの作
業システムを構築し、国際的競争力を持った林業生産活動を展開している。

　伐採量は、木材市場の影響を受けて変動しつつも 1990 年代半ばまで増加
傾向にあり、その後は概ね 5,000 万 m^3 台の水準にある。2012 年の伐採量は
5,150 万 m^3 であり、そのうち私有林からの生産が 77％を占めている。林産
業も活発であり、輸出産業として経済上も大きな役割を果たしている。一
方、輸出市場での環境保護運動の圧力を意識せざるをえず、1990 年代に入
ってから森林生態系保全に向けた取り組みを活発に行っている。

第 1 節　森林政策と環境保全政策の展開過程[1]

1960 年代までの森林・自然環境政策の展開

　フィンランドでは、19 世紀中ごろまで、森林資源は無尽蔵であると考え
られ、非持続的な開発が行われた。しかし、その結果、森林資源の劣化が生
じ、1886 年には森林を無秩序な開発から保護する法律が制定された。さら
に、1928 年には森林に関する初めての単独法である私有林法が制定された。
この法律は、森林所有者に対して伐採後の更新の義務を課すとともに、若齢
林の伐採制限、土壌の保護などを規定しており、フィンランドにおける森林
施業規制制度の基礎となった。

　1950 年代以降は、戦後経済の発展に伴って林産業への投資が増加し、木
材需給が将来逼迫するという見通しが相次いで出された。フィンランド経済

図 10　機械化による効率的な伐採作業が行われている

にとって林産業はきわめて重要な地位を占めているため、森林資源の育成・木材資源の確保が大きな政策的課題となり、積極的な資金提供によって森林資源の育成を図ることとした。このため、1960年代には森林所有者に対する政府助成制度が急速に整備され、補助金供与によって更新作業や保育を進めるとともに、低利の融資によって林道整備、湿地の乾燥化による林地の拡大・生産力の増大を図った。これが、今日のフィンランドが持つ高い森林生産力をつくり出すことに大きな貢献をした。

　一方、20世紀初頭には知識階層や自然愛好家を中心とした自然保護の動きが始まり、1923年にはいくつかの種類の動植物を保護する自然保全法が制定された。また、1938年には国有地における自然保護区制定に関する法律が成立し、保護区の指定が始まった[2]。

森林・自然環境政策の転換

　1970年代に入って、フィンランドにおいても環境問題の重要性が認識され始め、行政組織体制の整備が行われた。1983年には環境省が設立され、

農林省がもっていた環境保護に関わる機能は環境省に移管された。1991年には、人口3,000人以上のすべての基礎自治体に環境保護審議会を設置することを義務付けるなど環境行政に関わる仕組みの整備が進んだ[3]。

1990年代に入って環境問題に対する関心がより高くなり、UNCEDや欧州森林保護閣僚会議など国際的な取り組みが活発化したことから、森林政策の分野においても環境重視へのシフトが進んだ。1994年には、森林経営に森林生態系の持続的管理の観点を組み入れる「林業のための環境プログラム」が農林省と環境省の共同で作成・決定され[4]、今日につながる森林政策の基本方向を設定した。このプログラムの策定を受けて、1994年には森林法改正の検討委員会が発足し、改正作業が開始された。

1995年には、社会民主党を中心として保守派から旧共産党までを含む「虹の連合政府（Rainbow Government）」が誕生した。この政権は、環境政策、中でも自然環境保全を重視したため、森林政策の環境シフトが急速に進むこととなった。1994年に始まった森林法の改正も自然環境保全法の改正と歩調を合わせて積極的に進められ、1995年11月に委員会が提案を作成、1996年に議会で可決成立し、1997年に自然環境保全法と同時に施行された。改正森林法は、森林の生態的な持続性を図ること、生物多様性を維持することを目的として規定しており、それまでの資源育成を基本とした性格を大きく転換させた。また、自然環境法の改正によって自然保護区制度が拡充・整備され、森林法の生態系保全施策との連続性が確保された。

森林法改正にあわせて、森林政策を実行する組織体系を定めた「林業センター及び林業発展センターに関する法律」が1995年に改正されたほか、持続的な森林経営を資金面で支援するための「持続的林業に対する資金支援法」が1996年に改正された。

以上のような改革が行われた要因としては、「虹の連合政権」誕生があげられるが、このほかに、第1にフィンランド国内での環境保護意識の高揚、環境保護運動が発展してきたこと、第2にイギリス・ドイツなど輸出市場からの環境対応の圧力が高まったこと、第3に国際的な環境保全の枠組み形成に対する対応が迫られたことがあげられる。

森林政策において環境保全が重視される中、生物多様性保全に関しては、

2002年からフィンランド南部森林生物多様性プログラム（METSO）が開始された。フィンランド南部は林業生産活動が活発であるが、私有林面積の比率が高いため保護地域の指定が進まなかった。このため、生物多様性保全のために特別の政策の展開が必要と認識され、開始されたのがこのプログラムである。このプログラムは所有者の自発性に基づいて生物多様性保全を進めようとするもので、新しい政策手法による森林保全として国際的にも注目されている。

2014年の森林法改正

2014年には、森林に関連する法制度の大規模な改正が行われた。2011年に成立した中道・左派連合カタイネン政権のもとで、農民代表という性格を持つ中央党のコスキネンが農林大臣となった。森林関連法の改正は、直接的には森林所有者の責任と裁量意思の重視を掲げたコネスキンによる主導とされており、この方針に基づいて森林法と森林管理組合法の改正が行われた[5]。

改正森林法の内容をみると、1996年森林法の基本構成は変化していないが、第1に所有者の施業の自由度を広げて林業経営の経済性の向上を目指したこと、第2に条文の規定内容を明確化し生物多様性保全への配慮に関する規定を充実させたことが特徴となっている。

森林管理組合法も、抜本的な改正が行われた。改正前は、森林所有者から森林管理賦課金を強制徴収して森林管理組合の財源とし、ほぼすべての森林所有者が森林管理組合の組合員であった。本改正によって、賦課金の強制徴収の仕組みを廃止し、森林所有者が管理組合に加入するかは所有者の選択によるものとし、森林所有者に施業委託などのサービス提供者の選択権を与えることとした。一方、これまで森林組合が半公的性格を持っていたために、原則として木材販売に直接関与することが禁じられてきたが、本改正によってこの規制が取り払われた[6]。

このほか、木質バイオマス利用、違法伐採対策、病虫害対策を進めるための法律改正や新たな立法もあわせて行われた。2012年には森林行政の効率化、所有者に対する有効な支援、森林を基礎としたバイオエコノミー[7]の発展のために、森林行政組織の改革も行われており、林業センターを再編して

フィンランド森林センター（以後「森林センター」と略す）を新たに設置するなどした。

　フィンランドは国家森林プログラムの策定に最も熱心に取り組んだ国の一つであった。1990年代の政策改革を受けて、今後のフィンランドの森林政策の基本方針を打ち出すために国家森林プログラムの策定を開始し、幅広い利害関係者の参加を得て国民的な議論をもとに、1998年に「国家森林プログラム2010」を策定した。2008年にはこのプログラムの見直しが行われ、「国家森林プログラム2015」が策定された。2014年の森林法改正で、国家森林プログラム策定を農林省に義務付けし、2015年には、「国家森林戦略2025」が策定されている。この戦略では、「フィンランドは森林を基盤としたビジネスの競争力を持った展開環境をもつ」、「森林を基盤としたビジネスと活動及びその構造は更新され多角化される」、「森林は活発に、経済的・生態的・社会的に持続的かつ多様に利用される」の三つを目標とし、これを達成するための具体的な戦略が設定されている。フィンランドは、2008年以降経済が低迷していることから、経済活性化を前面に押し出した目標設定になっている。

第2節　森林政策と自然環境政策の概要

森林法制度の概要

　以上のような経過で形成されたフィンランドの森林法を中心とする制度の現状をまとめると、以下のとおりである。

　まず、森林法は目的として、「経済・生態・社会的に持続可能な森林の利用と管理を、森林が持続的かつ満足すべき生産を提供する一方で生物多様性[8]を維持できるような形で、すすめること」（1条）とし、経済・社会・生態的な持続性を統合的に追及することと、生産と自然環境保全を同列に扱うことを明確にしている。

　伐採・更新については、主伐と間伐について区分し、主伐については更新の義務を規定しているが、2014年の改正で一定の林齢・径級に達していな

60

いと主伐はできないとした規定を削除し、所有者が伐採を行いやすくしている。

生物多様性・生態系保全に関しては、森林の生物多様性保全と保護林・保護地域についてそれぞれ独立した章を置いている。前者については、生物多様性保全への配慮に関する一般的規定を置いたうえで、特別な配慮を要する場所（以下、「重要なビオトープ」とする）について具体的かつ詳細に規定し、さらに「重要なビオトープ」での施業規制の内容について規定している。保護林・保護地域については北部の森林限界地域において森林の後退を防止するために保護林を設定できることとしたほか、居住地や農地を風等から保護するために必要があるとき保護地域を指定することができるとした。

伐採にあたっては、事前に森林センターに届出を行うことを所有者に義務付けている。伐採内容などが法規定に反している場合には、森林センターが所有者と交渉を行うことを義務付け、計画内容の修正や中止・禁止などの措置をとることができる。また、届出対象・周辺地域に生物多様性保全上重要な場所がある場合には、所有者に周知することを森林センターに義務付けている。

このほか、国家森林プログラムの策定を農林省に義務付けた。プログラム策定の目的を、持続的発展の原則に合致させつつ森林の多面的な利用を図り、それにより福祉を向上させることと規定した。また、農林省がプログラムの策定・実行・モニタリングに責を負い、策定は他省庁や利害関係者と共同で行うこととした。地域レベルでは、森林センターは地域森林プログラムを利害関係者とともに策定し、その実行をモニタリングするとした。地域森林プログラムでは、持続的森林管理の目標とその財源、林業発展の目標などを設定することとした。

なお、森林法には林地転用に関わる規定はない。フィンランドは森林率が高く、また人口密度が低いため森林への開発圧力が低く、林地転用は森林法上の課題として認識されていない。林地転用については、自治体が定める土地利用計画[9]の下で、各自治体がコントロールすることとしている。

「持続的林業に対する財政支援法」は、森林法に基づいて持続的な森林経営を行うにあたっての補助金・融資などによる財政支援の基本について定め

たものである。更新・保育など木材生産の持続性を確保するための補助金の支出について規定しているほか、森林法で規定された生態系の保全に関わる事業について、森林センターの監督の下で財政支出を行えることとした[10]。また、生物多様性保全に関わって、法律に規定されている以上の配慮、あるいは行為を行った場合、その費用、損失の一部または全部を補償することができる条項も置いている。生物多様性保全について単に規制措置を導入しただけではなく、財政的な支援・財産権の補償を行う財政的な裏付けの根拠を定めたのである。

自然環境保全に関係する法制度の概要

　自然保護地域・希少種の保護については、自然環境保全法が基本的な法律となっている。自然環境保全法の目的は、生物多様性の維持、自然景観の保全、自然資源と自然環境の持続的利用の助長、自然に対する関心の啓発、科学研究の推進、の５点である。

　自然環境保全法の中で、森林に関係する項目について簡単にみておこう。第３章では、自然保護区の設定と管理について規定している。保護区は、国立公園、厳正自然保護区、その他の保護区の３種類から構成されるが、私有地に対する保護区の設定はその他の保護区としてのみ行うものとしている。また、保護区を設定できる地域は、絶滅危惧種が存在しているところ、貴重な自然的特徴を持っているところ、すぐれた景観地、地域で希少となった自然遺産、良好な自然・種の保全を確保するために必要なところ、その他生物多様性・自然景観を保護する必要のある代表的・典型的・価値のある地域とされ、幅広く保護区の指定が行えることが特徴となっている。私有地への保護区の設定は、地域レベルで自然環境行政を担うELYセンター（後述）が担当し、所有者および利害関係者の同意の下に指定を行うことが原則であり、保護区域設定の決定は保護の内容と土地所有者に対する補償についての合意がなされない限りは発効しない。ただし、政府が策定する自然保全プログラムの下で保護区域として設定することが必要とされた地域については、所有者の同意なしに指定することができる。

　第４章では生息域の保護について規定しており、落葉広葉樹が多く存在す

る自然林・自然砂丘・海浜性草地などについて生物の生息域保全の観点から開発を規制するとした。開発規制区域は、ELYセンターが土地所有者の同意なしに指定できるが、所有者は指定に伴う損失の補償を求めることができる。このほか、第5章において優れた自然的・文化的景観を保全するための景観保全地域の設定、第6章において種の保護が規定されているほか、EUが進める保護区ネットワークNatura2000に関しても特別な章を設けている。

森林行政及び関連組織

　森林政策を担当する中央官庁は農林省の自然資源部であり、ここで国全体の森林政策の形成・実行を行っている。自然資源部の下に政策の実行組織としてフィンランド森林センターが設置されているほか、国有林・国有保護地域を管理する国有企業であるメッツァハリトゥス（Metsahallitus）が環境省との共管の下に設置されている。このほか、政府所有企業として森林・林業に関する技術的支援・助言を行うTAPIOという組織がある。以下民有林に関わる森林センターとTAPIOについて詳しくみていく。

　まず、民有林行政を直接的に担う森林センターであるが、2012年の組織改革によって地域林業センターを統合再編する形で誕生した。

　改革前は全国13か所に地域林業センターが存在し、それぞれ独立して農林省と契約を結んで地域における森林行政を担っていたが、改革によって森林センターに統合された。また、従来各地域センターが担っていた森林法の執行や助成金の交付などの行政機能と、計画策定や木材販売支援など所有者から一定の対価を受け取って行う経済的なサービス機能を分離し、前者は森林センターが担い、後者は民営化することとした。この機能分離については、森林管理組合や民間事業体からの森林行政が民間事業を圧迫しているとの批判が背景にあった。経済機能については、2012年の改革当初はセンター内に部局を設置して担っていたが、2015年にはセンターから分離し、民営化に向けた準備に入った。この部門では従来センターが行っていた計画策定だけではなく、木材販売、伐採や林道建設コンサルなどに関わるサービス提供も行い、森林管理組合や民間コンサルタントと競合する事業体となることが想定されている。

以上のような経緯により、現在の森林センターは行政機能のみを担っている。2012 年の改革当初は従来の 13 か所の林業センターを支所化して業務を行っていたが、2014 年には 5 か所に統合した。今後、さらに支所の下の現場事務所の統廃合が予定されている。森林センターの任務は森林政策の実施、法規則の実行、補助金の配分、普及教育などであり、森林法に定められた地域森林プログラムの策定や伐採届出の運用などを行っている。地域森林プログラムについては、全国を 15 の地域に区分し[11]、それぞれに多様な利害関係者を集めた委員会を設置して策定しており、後述する METSO の地域内での具体化もこのプログラムで方針設定を行う。

　森林センターは、独立行政法人といった性格を持つ組織であり、毎年農林省と契約を結び、農林省から配分される予算で契約に従って業務を行う。会計や雇用などは、すべて法人の権限で処理される。森林センターは農林省の指導と監督のもとにおかれるが、補助金の配分や技術指導など非権力的業務については、農林省は指導を行うにとどめる。農林省が森林行政全般に関して責任を持ち、施業規制といった権力的業務については地域レベルまで監督下に置きつつ、林業の助長といった非権力的業務については地域の自主性を重視することにより、持続的森林管理に向けた最低限の施策展開の保障と地域の自主性の尊重を同時に達成しようとしている。

　TAPIO は、もともとは農林省に直属し、農林省や森林センターに対して助言を行ったり、政策を具体化するためのガイドラインなどの策定を担ってきたが、2015 年に国所有の企業となり、森林行政だけではなく、民間、海外も含めてコンサルタント業務を行うこととなった。

　このような森林に関わる行政組織と並んで、重要な役割を果たしているのが森林管理組合である。フィンランドでは森林管理組合法の下で森林管理組合が組織されており、強固な組織基盤と専門知識を持って、所有者に対して多様な支援を提供してきている。

　各組合は専門知識をもったスタッフを雇用し、所有者に対して経営計画や作業計画の策定や、経営アドバイスなどを行っているほか、伐採代行など施業委託や請負・伐採業者との橋渡しを行っている。森林法などによる施業ルールや政策によって提起された環境保全のための方向性を実際に現場で実行

図 11　フィンランド森林センター

するうえでも、重要な役割を果たしているといえる。

　前述のように、2015 年 1 月に抜本改革された森林管理組合法が施行され、森林管理賦課金制度が廃止され、森林所有者は森林管理経営支援に関わるサービスの選択の自由を得ることとなり、一方で森林管理組合は木材販売業務の規制が外された。こうした改革の影響については、今後の動向をみていく必要があるが、森林管理組合は私有林経営において重要な役割を果たし続けるとみられる[12]。

自然環境保全に関する行政組織

　自然環境保全を主として扱う省庁は、環境省である。環境省の主たる役割は、環境汚染など環境面での安全性の確保、生物多様性保全などの自然保護、土地利用・建築規制など生活・住環境の保全であり、ヘルシンキにある本庁が政策枠組みの形成とその実行の統括を行っている。

　地域における環境政策の実行主体については、2010 年 1 月に行われた地

方行政組織の抜本改革によって大きく変化した[13]。地方行政改革は、2007年の選挙における社民党大敗・政権交代、2008 年以降の経済低迷、1990 年代以降にスウェーデンなど北欧諸国で始まった地方自治改革などを受けて行われた。2009 年以前は環境省の下部組織として地域環境センターが全国に13 か所設置されていたが、2010 年の改革で雇用・経済発展センター、道路管理事務所、地域環境センターを統合して、新たに経済発展・運輸・環境（ELY）センターが全国に 15 か所設置され[14]、このセンターが所管地域の環境行政を行うこととなった。センターには環境・自然資源部が置かれ、自然保護のほか土地利用や公害・水質保全など環境省所管の業務を行っており、実質的には環境省の指揮下で業務にあたっている。

　自然環境保全に関わって森林行政組織との役割分担をみると、重要な保護域や希少種の保護に関しては ELY センターが森林においても行い、これよりも相対的に重要度の低い保護地域については森林センターが責任を持つという形になっている。

第3節　森林管理政策の具体的な内容

　森林管理政策の具体的な内容をみると、まず、自然環境保全法の下で定められた保護区制度があり、これに指定されている地域は林業生産の対象から外れる。それ以外の林業生産対象林については、森林法の下での施業規制が行われるが、それは重要なビオトープにおける伐採の制限が主たるものとなっている。さらに、以上を補足するものとして METSO プログラムと森林認証による環境保全の仕組みが存在する。

　本節ではまず保護区域として利用規制がかけられる仕組みについてみた後、保護区域以外の普通林に対する施業規制の内容とその運用についてみる。さらに、南フィンランドを対象として進められている生物多様性保全プログラム（METSO）と森林認証の展開について述べる。

保護地域の指定状況

　自然環境保全法の下で指定されている保護区の指定状況を示したのが表5である。

　この表から明らかのように、保護区のほとんどは国有地に設定されている。自然環境保全法は大規模な自然保護区は国有地に設定すると規定しており、私有地にこれら保護区を設定する際も買い取りを進めることとしているため、このような指定状況となっている。

　私有地については、小規模な保護区が数多く設定されていることが特徴となっている。これら保護区は主として国の自然保全プログラムによって指定が行われており、1990年代以降の環境政策の重点化に伴って急速に進み、特に後述する南フィンランド生物多様性プログラム（METSO）による指定面積が大きい。約30万haの私有地保護区のうち、約10万haは水鳥保護のための水面域とされており、森林域の保護区は約20万ha程度と推定される。

　私有林面積に占める保護区域の比率は2％程度に過ぎないが、近年になって様々な政府プログラムによる私有林への保護地域の指定が急速に進んでおり、生物多様性保全などで特に重要な地域を小面積で多数指定する形で保護地域の設定が進んでいるといえる。

表5　フィンランドの保護地域（2014）

		指定箇所数	指定面積 （1,000ha）	保護区に占める比率（％）	
国有地	自然保護区	573	1,863	37	国立公園等
	その他保護区	2,856	2,539	56	厳正自然保護地区、未決定保護地区など
	合計	3,429	4,222	93	
私有地	自然保護区	9,450	295	6	自然環境法の下でELYセンターが指定
	種保護地域	1,300	2	1	同上
	その他保護地域	不明	不明	1	
	合計	10,800以上	298以上	7	
総計		14,000以上	4,520以上	100	

資料；Stolen, S. et al.（2014）The Future of Privately Protected Area

森林法による施業規制

　次に、保護地域以外の一般の森林における施業規制の具体的内容について、2014年改正森林法をもとにみていこう。

　まず、伐採と更新に関する一般的規定である。

　伐採については、間伐と主伐に区分して、それぞれに遵守すべきことが記載されている。

　間伐は、伐採後に成長力が確保された立木が一様に残存しているように行わなければならないとし、残存木が森林を成立させるのに十分ではない場合には更新義務を課している。主伐については、伐採後の更新を義務付けているが、2014年の法改正によって主伐対象林分の林齢などの制限は撤廃された。また、伐採を行う際には残存木や伐採対象地以外への損傷や、森林の成長力を阻害するような土地への影響を回避することを求めている。なお、生物多様性・景観・森林の多目的利用の観点から重要な役割を果たす森林においては、その重要性に配慮した伐採を特に求めている。

　森林伐採及び関連する作業を行う事業者に対しては、森林法規定を順守するとともに、重要なビオトープが含まれている伐採地で選木する場合には、森林法の規定する保護措置を行うことを義務付けている。伐採届が出された場所に重要なビオトープやその他保護区域が設定されている場合、森林センターは所有者に伝達する義務を負い、また所有者は伐採事業者と契約を結ぶ場合、重要なビオトープに関する情報を伝達する義務を負う。

　更新は、天然更新・人工植栽いずれでも可とし、更新作業は3年以内に終了すべきとしている。人工造林にあたって用いる樹種も条文で規定されており、規定以外の樹種を用いるときには伐採の届出に際して更新木としての適格性を説明しなければならない。以上の更新義務は土地所有者が負う。

　生物多様性保全と重要なビオトープの保全に関しては、森林の管理は生物多様性が守られるように行うべきであるという一般的規定を置いたうえで、法律の条文の中で詳しく定めている。

　まず、重要なビオトープは以下のような種類があると規定している。

①湧水・渓流・0.5ha以下の内水面に接している森林で、水系と森林が近接して特別な生育状況をつくっている場所

②自然・半自然の沼沢地で、以下のような性格をもつもの

　（ア）草本が豊かな広葉樹・トウヒ混交林

　（イ）攪乱されていない広葉樹・トウヒ混交林でトクサ・クラウドベリーが下層に優先

　（ウ）栄養分豊富な土壌に生育するシダ類が優先する疎林

　（エ）立木が少ない荒地・低木性湿地

　（オ）氾濫原草地上の広葉樹・灌木林

③下層植生が特別に豊かな自然・半自然林および灌木林

④排水工事が行われていない泥炭地上のヒースの生えた小さなまとまりの森林

⑤10ｍ以上の深さを持つ急傾斜の渓谷で特有の植生を持つところ

⑥10ｍ以上の高さを持つ崖でその下に森林が存在しているところ

⑦砂質土・巨岩・岩盤など貧困な土壌に成立している疎林

　以上のような重要なビオトープに指定されている面積は、2013年9月現在で177,997ha、生産林に占める比率は0.9％となっている[15]。

　重要なビオトープに対する一般的配慮原則として、注意深い管理と利用を求めるとともに、更新は自生種によって行うことを求め、環境に十分な配慮をする場合にのみ木材の搬出を可としている。主伐や林道の建設、排水路の作設などは禁止している。

　さらに、①②については自然の状態を保つために単木的施業を行うこと、③は森林の構成を変えないように注意深く単木的施業を行うこと、⑤⑥では伐採を行わないこと、⑦では老齢木や枯損木が保護されるように単木的な施業を行うことを求めている。

　以上のような保護措置によって、森林所有者が生産の減少や損失を被る可能性がある。これに対して、損失が伐採対象木材の市場価値の4％を超える場合、または3,000ユーロを超える場合は、所有者の申し出に基づいて、森林センターは損失がこれを越えないように作業を行う許可を出すことができる。ただし、環境配慮に関わる補助金を受けている場合は、対象にならない。

　このほか、森林に保護林または保護ゾーンを設けることができる。前者は

図12　私有林に設定された重要なビオトープ保護区（タイプ①）

北部の森林限界地域で森林の限界の後退を防ぐため、後者は居住地を風や浸食から守るために指定されるもので林業活動には大きく影響しない。

　以上のように、自然環境保全のための森林管理政策は、重要なビオトープに関して具体的に施業の規制を法的にかけているが、その他の施業上配慮については一般的配慮を求めるにとどめている。ただし、後者についてはTAPIOによる施業ガイドラインの作成により現場での取り組みを促すとともに、森林認証制度によってその実行を担保しようとしている。

伐採届出制度

　上述の森林法による施業に対する規制は、伐採届出制度によって運用されている。すべての森林所有者に対して、自家用利用等を除いて、間伐・主伐・被害木処理・重要なビオトープの施業について、森林センターに届出することが義務付けられており、この際間伐については実施箇所ごとの方法、主伐の場合は更新方法を併せて届出しなければならない。伐採届は実施の3年前から10日前の間に出すこととされ、所有者または当該箇所の伐採を行う伐採業者が提出する。

伐採届出を出すにあたって、事前に森林センターに対して当該箇所に重要なビオトープが含まれているか、届出しようとしている内容は法規定に合致しているかについての情報を要求できる。

届出がなされたのち、届出の内容が森林関連法規に違反している、または申告のあった更新手法では更新が保障されないと疑われる場合、森林センターは必要な計画変更について森林所有者と交渉を行わなければならず、所有者はその求めに応じて変更計画を提出しなければならない。

森林センターの責によらず交渉が開始できない・交渉不成立・計画が法規に違反している十分な理由がある場合は、フィンランド農山村局が森林センターの申し立てに基づき計画を差し止めることができる。また、上記の計画差し止めの申し立ての条件を満たしているとき、森林センターは最大30日間の時限的な停止命令を出すことができる。

森林所有者が届出を行わなかった場合や、違反行為を行った場合には罰金が課せられるほか、伐採収益の没収、原状回復を義務付けられる。相当額の収益を上げた違法行為を行ったものには、懲役も課すことができる。

なお、前述のように、林地転用は森林法では規制しておらず、どこを森林として維持するかは自治体の土地利用計画の中で決められる。また土地利用計画の中で森林に対して保護などの規制をかけることもできる。このため、森林法によって林地転換や施業の規制がかかっていない森林でも、自治体が策定する土地利用計画によって規制がかかってくることがある。

森林施業ガイドライン

以上のように、森林施業のコントロールは、森林法および自然環境保全法・土地利用法などによって行われるほか、TAPIO が森林法や森林政策の趣旨に基づいて、私有林に対する施業の提案としてガイドラインを策定している。ガイドラインは農林省の指示に基づき、既存の研究成果をもとにして研究者・技術者の協働により策定されたもので、施業のあり方を科学的な根拠を持って具体的に提示している。ガイドラインでは、効率的に高品質の木材を育成するための施業法とともに、生物多様性保全などの環境配慮の指針についても詳細に示している。環境配慮に関しては保残木施業[16]や河畔域

に対する保全措置などが含まれる。環境に配慮した施業の具体的なあり方を、科学的根拠を持って提示していることは、現場での環境配慮型施業の取り組みを促進させるために重要な役割を果たしている。

　もう一点重要なのは、このガイドラインは法律的な強制力は持っていないものの、後述するように、森林認証において認証基準として用いられていることである。フィンランドでは、森林認証の取得率がほぼ100%であり、森林法を上回って政府が推奨する環境配慮が森林認証を通して実現されている。森林認証はきわめて強力な森林政策実行のツールとなっている。

施業規制を行う組織

　施業規制を行うのは、前述のように森林センターであり、5か所ある支所が携わっており、実務は専門の森林官が行っている。支所の管轄区域をいくつかに区分し、それぞれに施業規制森林官が張りついており、担当地域の森林や所有者・森林管理組合・伐採業者について十分な情報を蓄積して有効な規制業務を行うようにしている。

　前述のように、フィンランドでは森林管理組合にほとんどの森林所有者が組織されており、森林所有は中小規模の家族経営が主体であることもあって、森林の管理・経営に関して森林管理組合が果たす役割は大きい。森林管理組合は多数の専門家・技術者を雇用して所有者に対するサービスを提供しており、伐採届出の多くも森林管理組合を通して行われている。森林管理組合の担当者が森林法に適合するように伐採計画の策定にあたり、これを森林センターの施業規制専門官が審査し、必要な場合には指導を行って、申請の変更を助言するなどしている。こうした活動によって問題となりそうな場所の伐採計画がチェックされるため、森林法に違反した伐採活動はほとんど行われない。

データベースの整備

　多数の伐採届出を処理するにあたって、重要な役割を果たしているのがGISを含めた情報システムである。森林資源・所有者に関わるデータや重要なビオトープの場所などはすべてGIS上でデータベース化されており、森

図13　森林経営方針について話し合う所有者と森林管理組合職員
組合職員の専門的な支援が持続的・効率的経営や森林認証を支えている

林管理組合もこれを共有している。伐採届出のほとんどは電子申請で行われ、GIS上で内容をチェックすることができ、問題がありそうと思われる申請については、現地調査を含めてチェックしている。

　森林の更新については、所有者が更新完了後に森林センターに報告する義務を負っており、森林センターではこの情報をGIS上にデータ入力している。

　重要なビオトープの保護規制について、1997年の改正時には森林法は詳細な規定を置いていなかった。例えば、重要な生息域で具体的にどのような施業が規制されるのかについての規定がなかった。また、重要なビオトープは一般に小規模であり、点在していることから、そのすべてを正確に地図化することはできなかった。このため森林センターと所有者・森林管理組合との間でかなりの紛争が生じたが、実際に運用する中で、合意を形成するとともに、重要なビオトープの詳細な地図化を行ってきた。この結果、地図化・データベース化が終了し、施業規制の内容については形成された合意をもとに、2014年改正で条文に明記され、現在ではほとんど問題は生じていない。先に権力的業務については農林省の監督・指導の下に行うと述べたが、実際

の規制に当たっては地域の自然条件を認識した上でどのようなかたちで規制を行うのかをつめていく必要があり、森林センターや森林管理組合の地道な努力によって具体的なルールの適用が形成されてきている。森林センター・森林管理組合の技術者が大きな役割を果たしていることが指摘できる。

施業規制に対応した助成措置

　前述したように、森林法は重要な生息域の保全によって所有者が損失を被る場合にはその補償を行うことを規定している。また、自然保護地域についても同様に所有者への補償を行うこととなっている。一方、保残木施業などの環境配慮型施業に対する補助金の仕組みはない。

　2011年において生物多様性保全のために支払われた政府支出は873万7,000ユーロで、5,302か所が対象となった。このほかに、景観や水質保全など自然保全のために222万8,000ユーロが支払われている。ちなみに、更新・保育や林道建設などに支払われている一般的な林業補助金は2012年で6,124万2,000ユーロとなっており、環境配慮のために支払われている額はその約1/6にあたる。

　森林環境保全を進めるための財政支出は、基本的には保護区設定や重要なビオトープの保全に関わる遺失利益の補償に限定されており、環境保全型施業を進めるための誘導的な補助金支給は行われていない。環境保全型施業の推進は普及指導などのほか、森林認証を通して行われているといえる。

第4節　森林環境保全をめざした取り組み

METSO（フィンランド南部森林生物多様性プログラム）

　フィンランドにおける保護地域の設定は、基本的に国有地を対象として進められたため、保護区は国有地の比率が高い北部に偏在している。これに対して、南部地域は伐採活動が活発であるが、私有林が卓越しているため、保護区面積の比率が極めて低く、生物多様性保全を進めるうえのネックとして認識されるようになってきた[17]。南部地域の私有林に自然環境保全法に基づ

く大面積の保護地域を設定することは現実的ではないため、森林所有者と行政の間の自発的契約をもとにした生物多様性保全のネットワークを形成しようとしたのが METSO である。

2002 ～ 2007 年にかけてパイロットプログラムが実施され、森林の生物多様性保全に貢献したと評価されたことから、2008 年 3 月に「METSO2008 ～ 2016」を行うことを決定し、当初予算を 1 億 8,000 万ユーロ計上した。

METSO は森林法に規定された「重要なビオトープ」の保護を確実なものとすることを基本としている。これまでも重要なビオトープに対しては、主伐時に配慮を求めたり、遺失利益に対して保証を行ったりしてきたが、公的な保護地域として指定されていないため、十分な保護ができていなかった。このため METSO によって保護を確実なものとして南部地域における生物多様性保全レベルを向上させることを目指した。METSO の特徴は、農林省と環境省が協働して取り組んでいることで、それぞれが持っている制度・政策手法やノウハウを組み合わせて効果的なプログラムを実行している。

METSO の内容としては、第 1 に調査・研究などがあり、優先して保全すべきビオトープの選定基準の策定を行うほか、モニタリング・情報システム・統計の整備を行うなどプログラムを進めるための情報基盤を確立することとした。

第 2 は、METSO の中心をなす私有林における生物多様性保全の具体的措置であり、所有者の自発性に基づいて、重要なビオトープの保護を確保するほか、ビオトープネットワークの確保のための森林所有者間の協力関係の構築や、森林所有者への助言・林業従事者への教育などを行うこととした。重要なビオトープの保護については、以下の二つの方法を所有者が選択できることとした。

永続的な保護区とする：自然環境法の下で保護区とするもので、以下の二つの方法がある。第 1 は、政府が立木を市場価格で補償したうえで私有保護区とするもので、第 2 は政府が買い上げを行い国所有の保護区とするものである。環境省の担当で、現場レベルでは ELY センターが担当する。

時限的な保護区とする：持続的林業に対する財政支援法による 10 年間の時限的保護区（伐採可能な立木の地域市場価格を補償）、または、自然環境

75

法による 20 年間の時限的保護区（伐採ができなかった遺失利益を補償）
とする。農林省の担当で、現場レベルでは森林センターが担当する。

　重要なビオトープの維持・再生を図るための放牧・草刈・除伐などについ
ても、所有者とともに計画し、持続的林業に対する財政支援法に基づき財政
支援を行うことができるようにした。

　第 3 に、公的所有地を対象としたプログラムがあり、国有保護区域におけ
る自然再生・保全、国有林の生産林での生息域管理、自治体所有のレクリエ
ーション林や国立ハイキングエリアでの生物多様性保全の確保にも取り組む
こととしている。以上のように、私有地・公的所有地の取り組みを連携させ
て保護区ネットワークの形成を進めようとしている。

　2014 年度末現在の成果をみると、私有保護区として 37,000ha が設定され
たほか、私有林の買い上げによって国有保護区 13,000ha が設定された。ま
た、私有林の時限的な保護について 33,000ha を対象に契約が結ばれた。前
者については、計画に対して約 52% の達成率であり、後者については、約
45% の達成率であった。計画期間を 2 年残す時点での達成率としては高い
とはいえないが、私有林において約 83,000ha の保護区が自発性に基づいて
設定されたことは評価できるだろう。このほか、4,000ha を対象として維持・
再生事業が行われている。

　METSO の特徴は、第 1 に、農林省と環境省が、それぞれの得意分野—環
境省は生物多様性保全に関わる知見等、農林省は森林所有者との密接な関
係・信頼関係—を生かして連携して進めていることである。森林センターが
所有者との信頼関係を形成しているがゆえに、保護区の設定という所有者に
負担をかけるプログラムを進めることができたとされている[18]。

　第 2 に、施業コントロールの観点から見た特徴として、規制ではなく、所
有者の自発性に基づいて保全を進めようとしていることがあげられる。守る
べき価値のある森林を所有している者へ情報提供・働きかけを行い、所有者
の自発的意思に基づいて、対象となる場所ごとに行政と契約を結び、保護に
よる不利益を補償によってカバーする形で保護を進めている。このように所
有者の自発性に基づき、行政との契約によって生物多様性保全を進めようと
している点で、国際的にみても新規性を持った施策であったと評価されてい

る。なお、METSO の実施期間は 2025 年まで延長されている。

地域森林認証制度の概要

　フィンランドでは PEFC[19] によって認証された森林が 9 割を超えており、持続的森林管理を進めるうえで森林政策の補完的な役割を果たしている。ここでフィンランドにおける認証制度の現状についてみておこう。

　フィンランドは、イギリスやドイツなどに林産物を輸出しているが、これら諸国の市場では環境保護への関心が高く、森林認証を要求される場合が多い。このため、フィンランドが木材輸出国としての地位を保つためには、単に森林政策を変革するだけではなく、認証を取得することが必須条件となっていた。消費国の消費者、あるいは環境保護運動は、持続的な森林管理がなされ、効果が上がっていることを確認できるシステムを求めており、これに応えるには認証が不可欠であった。

　フィンランドにおける認証制度構築のための準備は、1996 年から開始され、森林・林業関係団体のほか環境保護団体も参加した。環境保護団体以外の団体は、小規模林家が多数を占めているフィンランドでは FSC を個別に取得することは労力の点からも資金の点からも困難であると考え、地域を包括的に認証する地域認証というスキームを主張した。フィンランドの認証制度を FSC をもとに形成しようと考えていた環境 NGO はこれに反発し、FSC 認証導入の見込みがなくなった 1998 年には認証制度の検討作業から脱退した。提案されていた地域認証スキームに対する環境 NGO の主たる批判は、原生林・希少種の生息域の保護に関わって明確かつ厳格な基準を欠如していること、森林所有者の自発性が確保されていないことにあった。環境 NGO の脱退後は地域認証というスキームを基本として議論が進み、最終的には地域を丸ごと認証する仕組みをつくることとなった。

　認証制度の運用にあたっているのはフィンランド認証協議会であり、PEFC と相互認証を行っている。認証は旧林業センターを単位として行われており、認証の申請者は森林管理組合地域連合[20] である。森林管理組合地域連合を構成する単位組合の 3 分の 2 以上の賛成があった場合、認証の申請を行い、認証を希望しない所有者は申請を拒否できるが、拒否の意思を表明

しない限りは自動的に認証の対象とされた。また、認証の準備は基本的には旧林業センターと森林管理組合が行い、前者が森林管理に関わる資料の収集・分析、後者は森林所有者への対応と具体的な施業の検討という役割分担をした。認証費用については、当初は認証機関に支払う認証費用は林産企業が、旧林業センターと森林管理組合が行う準備作業についてはそれぞれの組織が負担をし、森林所有者には金銭的・事務的な負担を負わせないように進められた。以上のような仕組みで認証を進めたため、冒頭で述べたように極めて高い認証カバー率となっている。

認証の基準について環境保全関係のものをみると、基準10では森林法に規定している以外の種類のビオトープについても保護を要求しているほか、基準13では伐採にあたって保残木施業を行うこと、基準15では林道作成にあたって環境影響評価を行うこと、基準17で水辺域に対して最低限5メートルの緩衝帯を設けることなど、森林法令の規定を上回った森林管理を要求している。前述のように、こうした基準の基礎にはTAPIOが作成した政府推奨方針としての環境配慮型施業ガイドラインがある。

森林認証の運用については、森林管理組合と森林センターが果たす役割が大きい。前述のように、森林管理組合が森林所有者のほとんどを組織しており、森林伐採をはじめとする森林施業のほとんどを所有者に代わって担い、伐採計画や伐採届なども多くの場合森林管理組合が行っている。森林管理組合が森林認証を遵守した施業の実行を行う体制を構築することで、認証基準の順守を確保している。また、森林センターが伐採届出審査を通して法令順守の確保を担っているほか、METSOなどを通じて守るべき生息地の調査・データベース化や、契約的手法を用いたビオトープ保護など、環境配慮型の施業を推進し、認証を実質的に機能させる施策を展開してきている。

このように、フィンランドは森林認証を通して、ほぼすべての森林に対して法令で求めている範囲を超えて環境配慮型施業を確保する仕組みを整えている。森林認証の実効性の確保については、森林管理組合が組織的に保障しているほか、行政も積極的な役割を果たしている。こうした点で、認証は政策補完的な役割を果たしているといえる。

一方、環境保護団体は早い段階で認証形成過程から脱退しており、フィン

ランドの森林認証制度には批判的であった。特に、認証発足当時は、認証基準があいまいである、守るべき重要なビオトープなどのデータが調査・整備されていないなど、森林生態系保全に関わる規定が弱体であると批判していた。しかし、守るべき重要なビオトープの種類の拡充など認証基準自体が改善されるとともに、調査やデータの蓄積が進み、特にMETSOプロジェクトの進展に伴って、具体的な保全措置も進められてきた。こうしたこともあって、環境NGOは小規模所有者を対象とした森林認証の仕組みに対しての批判は表立っては行っておらず、林産企業がFSCの森林認証の下で行っている社有林の原生的な森林伐採や大規模な皆伐を問題としてキャンペーンを張っている[21]。

脚注

1　本節の1990年代までの記載は柿澤宏昭（2005）フィンランドにおける森林政策の転換と地域森林認証制度（畠山武道・柿澤宏昭編著、生物多様性保全と環境政策所収）277～320頁、を改変したものである

2　Sairinen, R.（2000）Regulatory Reform of Finnish Environmental Policy, Helsinki University of Technology

3　前掲 Sairinen（2000）

4　Ministry of Agriculture and Forestry（1994）New Environmental Program for Forestry in Finland

5　山本伸幸（2015）フィンランド森林所有者協同組合組織の基層とその変容（岡裕泰・石崎涼子編著、森林経営をめぐる組織イノベーション―諸外国の動きと日本、広報プレイス）185～207頁

6　前掲山本伸幸（2015）

7　生物資源を活用してエネルギーや食糧利用などを進めることを指し、木質バイオマス活用が主要な課題として据えられている。

8　フィンランド農林省での聞き取りによれば、ここでの生物多様性は自然環境一般を意味するとされている。

9　土地利用計画法によって各自治体が定めると規定されている。

10　この内容としては生息地調査などが含まれる（20条）。

11 センターの支所は 5 か所なので、一つの支所が数か所のプログラム策定の事務局を務めている。

12 前掲山本伸幸（2015）では、森林所有者との信頼関係が形成されていること等から制度変更は組合経営に大きな影響を及ぼさないとの見解が多く聞かれたと報告されている。

13 森林行政組織については、その業務内容の特殊性を主張して。独自の地方組織を維持することができた。だたし、前述のように組織の統合などの合理化が進められてきている。

14 このうち 2 か所には環境担当部局は置かれておらず、実質的には改革前と同様に 13 の地方事務所が環境行政を担う形になっている。

15 METLA（2015）Statistical Yearbook of Forestry 2014

16 主伐にあたって、すべての木を伐採するのではなく、枯損木や老齢木など生態系において重要な立木・倒木を残存させて、生態系保全を図る伐採方法。欧米では広く行われている。

17 Ministry of Agriculture and Forestry（2011）State of Finland's Forests 2011 Based on the Criteria and Indicators of Sustainable Forest Management

18 2015 年 10 月に行った環境省での聞き取りにおいて METSO 担当職員は、環境省は規制官庁であるために、所有者からは警戒される存在で、農林省・森林センターとの連携なしには METSO を進めるのは不可能であったと述べている。

19 森林認証のスキームの一つ。国際的には FSC と PEFC が主要な認証の仕組みである。前者は世界共通の規格に基づいて認証を行い、後者は各国の森林認証制度を相互に承認を行う仕組みであり、一般的には前者の方が基準が厳しく環境保護団体などからの評価が高い。

20 旧林業センターの管轄地域ごとに組織されている、森林管理組合の連合体。

21 ただし、フィンランドにおける FSC 森林認証を受けている森林の比率は 2%程度である。

第4章
スウェーデン

スウェーデンの国土面積は 4,078.8 万 ha であり、このうち森林面積は
2,827.6 万 ha で森林率は 69.3％となっている。森林の所有は 17％が国有林、
企業有林が 25％、個人所有林が 50％となっている。また、森林のうち
2,247.7 万 ha が生産林[1]とされている。個人所有の所有規模別構成比をみる
と、21 〜 50ha が 22.6％、51 〜 100ha が 15.1％となっており、一人あたりの
平均所有規模は 35.6ha で他の欧州諸国と比較して規模が大きい。

　フィンランドと同様、森林施業は皆伐・再造林または天然更新が一般的で、
平坦な地形を生かした低コストの作業システムを構築している。

　伐採量は、1980 年以降ほぼ一貫して増大してきており、2011 年の伐採量
は 8,880 万 m³ と世界第 7 位の位置にある。2006 〜 2010 年の生産林の年平
均成長量は 1 億 1,100 万 m³ となっており、成長量の約 8 割を伐採している
計算になる。活発な伐採活動をもとに木材産業が発達し、林産物輸出も積極
的に行われており、林業・林産業の輸出額は 1,270 億クローナと、全輸出額
の 11％を占めている。スウェーデンの林業・林産業は輸出産業としての性
格を強く持っており、フィンランドと同様に欧州市場における地位を確保す
るために、環境対応を進めてきた。

第1節　森林政策と自然環境政策の展開過程[2]

1993 年森林法改正以前の状況

　スウェーデンで初めて森林法が制定されたのは 1903 年で、資源の持続性
の確保のため、所有者に対して伐採後の更新を義務付けた。スウェーデンは
個人の自由を重視するリベラリズムの伝統を持っており、所有者へ行為の強
制を行う森林法の導入には強い反対があったが、国王と首相の主導で森林法
を成立させた。1908 年には自然保全法が制定され、ヨーロッパでは初めて
の国立公園制度が創設された。

　スウェーデンでは 1948 年以降、森林資源育成・木材供給増大を基本目標
として森林政策を展開してきた。1948 年の森林法では、所有者に経済的利
得を最大限にする経営を求めるとともに、更新義務を強化した。さらに

1979年に森林法の抜本改正を行い、法の目的を「高い水準での価値のある木材の持続的な生産」に設定し、所有者に対して間伐義務、成熟林の伐採義務、経営計画の策定義務を課すなど木材生産を積極的に進める内容とした。また、伐採収入に賦課していた施業税を大幅に増額し、これを原資として森林資源の造成・育成に対して補助金を投下する仕組みをつくった。

　一方、1964年には自然保全法の改正が行われ、現在に続く自然保護区制度の基礎がつくられ、自然環境保全を包括的に担当する自然保護庁が設立された。スウェーデンでは、1980年代に環境保護運動が高揚し、自然保護行政にも大きな進展がみられた。環境大臣のもとで自然保全法の総合的なレビューが行われ、1989年には環境関係の法律が統合されて環境法典が制定された。1991年には環境法典が改正され、湿地生態系保全のため排水禁止、ビオトープ保護、動植物保護のための規制措置などが新たに導入された[3]。

1993年森林法改正以降の環境重視

　こうした中で、森林政策については、環境保全への対応の不十分さが課題として認識され始め、1983年の森林法一部改正の際、施業にあたって環境配慮を行うことが書き込まれた。しかし、スウェーデン林野庁による環境配慮施業のモニタリング結果では、実行された環境配慮施業のほとんどは景観保全に関わるものであり、生物多様性保全への配慮が欠如していることが明らかとなった[4]。また、自然保全法のレビューでは、森林内の小規模ビオトープ（woodland key habitatと呼称されており、以後「WKH」と略す）の保護が脆弱であることが指摘された。このような状況を受けて、1990年から社民党政権下で森林法の改正作業が開始されたが、1991年に社民党政権が崩壊して中道右派政権となったため、環境保全に加えて規制緩和も課題として据えられた。

　以上の結果として1993年に行われた森林法の抜本的改正の主たる内容は、第1に法の目的として木材生産と生物多様性保全を同列に設定する、第2にそれまで所有者に課していた計画策定や間伐の義務など詳細に規定された施業義務を廃止する、第3に施業税を廃止するとともに補助金は基本的に廃止し、広葉樹造林など環境保全に関わる補助金のみを残す、といったものであ

った。なお、自然保全法のレビューをきっかけに問題とされた WKH 保護については、政府内調整において林野庁の権限とされた。林野庁は WKH の特定作業を進めていたが、森林法改正には WKH の保護措置は盛り込まれなかった。

1993 年の森林法改正の特徴をまとめると、林業生産主導の林政を、環境保全と林業を同列の目標に設定し、方向性を大きく転換したといえる。また、施業に関する様々な義務を廃止するとともに、施業税や補助金の原則廃止を行い、非規制的森林政策へと手法的にも転換した。この転換は、従来の森林政策がもっていた林業生産増大に向けて行為を強制するという動員的性格を払拭した意味を持っており、後述するように、環境配慮については一定の規制措置を盛り込んでいることに注意する必要がある。

このように森林政策の目的・手段が大きく転換し、強制的手法や経済的手法に依存しない道を選択したことから、普及指導政策が重要となった。このため、林野庁では、森林所有者に対して森林管理に関わる環境対応を中心に普及啓発に力を入れた。1997 年に南部を拠点とする森林組合ソドラ[5]と共同で、森林所有者向けに環境配慮型の森林経営計画である「緑の森林経営計画」のモデル・作成ツールを開発したほか、これをもとにして 1999 年から 2001 年にかけて「緑の森へ」と称する普及・教育事業を展開した。「緑の森林経営計画」は PEFC の認証基準と連動し、このプログラムに沿った計画策定を行うことで森林認証に進むことができるようになっており[6]、森林政策の中に森林認証が位置付けられていった。

1993 年以降は、森林政策に関して大きな変革はなかったが、環境政策については新たな展開があり、1998 年に議会は「スウェーデン環境目標」を策定した。これは「次の世代にすべての主要な環境問題を解決した社会を引きわたす」という意欲的な目標を掲げ、2020 年までに長期的な持続性が確保できるように、環境への負荷を低減させる取り組みである。この政策を実行するために、主要な 7 政党の代表からなる「環境目標に関する政党間委員会」が議会に設置され、政府に対する助言・提案を行っているほか、関係する 25 省庁及び県域執行機関[7]の長から組織される「環境目標フォーラム」が設置され、具体的な取り組みの方向性の設定や各組織間の調整を行ってい

る。こうした体制の下、各省庁や県域執行機関が環境目標の実現に向けた取り組みを行っている。環境目標の一つとして「持続的な森林」が設定されており、森林の生産力の維持、森林生態系の機能と過程の維持、文化的遺産の保全、自然体験・野外生活の場の保障、危機に瀕する種や生息域の保護等を目標として設定している。また、目標を達成するための指標として、保護の網をかぶせるべき森林の面積や、伐採時の枯損木残置、広葉樹林の再生などを設定している[8]。

図 14　緑の森林経営計画の普及テキストとして使われたものの英訳本

第 2 節　森林政策と自然環境政策の概要

森林法の内容

　スウェーデンの森林法は第 1 条で「森林は国家的資源である。価値ある生産を行うと同時に生物多様性を保全するように管理されるべきである。森林管理はその他の公益も考慮に入れなければならない。」と規定しており、森林管理にあたって生産と生物多様性保全（自然環境保全と同義とされる）を同列のものとして確保することとしている。

　森林所有者に対しては、伐採後の更新と保育を義務付けている。資源の持続性確保の観点から、一定の齢級以下の森林の主伐を禁止し、一定規模以上の所有者に対しては伐採面積の制限等の規制をかけている。また、森林所有者に対して、伐採や林地残材の燃料利用のための搬出などの行為を行う際は、その旨をスウェーデン林野庁に届出することを義務付けている。

　政府は、更新困難な林地を「更新困難林地」、浸食保護のための森林および森林限界を低下させないための森林を「保護林」として指定することができ、これら森林における伐採は許可制としている。保護林については、北方

図15　ラップランド地域のトナカイ放牧地とトナカイ

少数民族であるサミによるトナカイ放牧地に重なるため、その権利を侵害しないように、伐採前にサミと協議を行うことや、伐採計画策定にあたってトナカイ放牧への配慮を求めている。このほか、価値ある広葉樹がまとまって存在する森林を「特別な価値ある広葉樹林」とし、この森林を伐採する際には同様な森林を更新させることとしている。

　以上のほか、政府は自然環境保全や文化遺産の保護に関わって、伐採面積・保残木・排水・林道作設などの規定を置くことができるとした。

　なお、林地を木材生産以外の利用に転換することは妨げない方針となって

おり、林地転用規制は森林法では規定していない。

環境法典の内容

　スウェーデンでは、環境関係の法律は環境法典に一本化されている。ここでは環境法典の目的規定・一般的配慮規定と自然環境保全に関わる規定についてみる。

　環境法典の第1部に、目的規定と環境に対する一般的配慮規定が置かれている。目的については、「現在および将来世代に対して健全な環境を保障できるような持続的発展を促進する」ことと規定している。また一般的配慮規定として、「何人も何らかの行為を行おうとする際には、その行為が人間の健康や環境に対して悪影響を及ぼさないようにするために、自らの行為に関わる知識を所持すべき」（2章2条）であり、「損害等をもたらさないために慎重な方法を用いなければならない」（2章3条）といった規定を置くなど、予防的性格を持っている[9]。土地・水域の管理にあたっては当該地域の自然特性と現存する利用要求に十分配慮して行うとし、その際公衆の利益を最優先するとしている。さらに、生態的に影響を受けやすい場所については、できる限り損害を与えないようにすることを求めている。林業については、その重要性に鑑みて、合理的な林業行為に不利益を与えるような行為からできる限り保護すると配慮規定を置いている。

　第2部は、自然保護に関する規定となっており、保護地域に関する規定と、野生動植物種の保護に関する規定が置かれている。

　前者については、保護区域として、国立公園、自然保護区、文化遺産保護区、天然記念物、生息域保護区、野生動植物サンクチュアリ、沿岸域保護区、環境保護地区、水保護地区を規定している。主要な保護区の内容についてみると、以下のとおりである。

国立公園：大面積の自然・景観を保護するために、国有地に議会の同意を得て設定する。

自然保護区：生物多様性保全・レクリエーション利用などのために、地方自治体が指定する。

生息域保護区：絶滅危惧種等の生息域となる小規模な陸域・水域に対して、

政府または政府が指定する組織が指定する。

野生動植物種の保護に関しては、絶滅の危機に瀕したとき、開発の危機に
さらされたとき、国際的な条約などで要求されたときに、政府は当該野生動
植物種の捕獲や繁殖などを阻害する行為を禁止する規則を策定できる。

関連して第7部に補償その他の規定を置いており、上述の保護区などの設
定にあたって、土地所有者が土地利用に大きな支障を来たした場合には、補
償を受けることができるとしている。

森林行政を担う組織

スウェーデンの国家行政組織の大きな特徴は、政策の形成を担う政策部門
と政策の実行を担う執行部門が分離されていることである。森林行政に関し
ては産業・イノベーション省が政策部門を担当し、この下で林野庁が施策を
実行している。毎年、産業・イノベーション省から方針と財政割り当てが示
され、その枠内で林野庁が施策を行う。ただし、省レベルが大きく関わって
くるのは、法改正や大きな政策策定といった部分であり、毎年の方針も既存
の政策枠組みに沿って出されているもので、林野庁が日常的に省から指示を
受けているわけではない。

スウェーデンでは行政改革の中で、中央官庁が現場レベルまで一体的に
担っていた組織形態を変革し、地域レベルの政策実行については、県域執行
機関に権限を移行させてきた。環境行政については、中央レベルで自然保全
庁が自然観環境保全に関わる法制度の実行について責務を負っており、国立
公園の指定・管理などは直轄で行っているが、その他の自然環境保全に関わ
る具体的な執行は県域執行機関が行っている。林野庁に対しても同様な改革
の圧力があったが、全国一体的な組織による森林行政の必要性を強く主張し
て改革を免れた。

林野庁には最高議決機関である理事会が置かれており、理事は政府が任命
する。理事会の下で林野庁長官をトップとして森林行政組織が機能してい
る。林野庁の組織は総務部、林業部、普及指導部の3部構成で、林業部は規
制的業務など法令執行、普及指導部は技術指導・普及・コンサルティングを
主として担当しており、規制業務を行うかどうかで両部局の業務は峻別され

ている。

　地方組織としては、本庁の下に3つのリージョン、30のディストリクトが置かれている[10]。実質的に地方森林行政を行っているのはディストリクトであり、リージョンは日常的な事務連絡などでディストリクトと林野庁をつなぐ役割を果たしており、中間管理機構のような性格はもっていない。

　実際に森林所有者と接し、伐採届出の処理に当たるのはディストリクトの職員であり、これに対して本庁の林業部の職員が専門的な立場から指示・助言・支援を行っている。

　林野庁の職員のほとんどはスウェーデン農科大学の森林関係プログラムの卒業者であり、専門分野・地域間の異動はほとんどない。あるディストリクトの伐採届出担当として採用されれば、基本的に他のディストリクト及び他職種への異動はなく、地域特性を知悉した専門職員を確保する人事システムをとっている。また、ディストリクト間の伐採届出制の運用の差異をなくすために、本庁法務担当部局が定期的に集合研修を開催しているほか、判断基準に関わる情報提供を行っている。

　行財政改革の影響を受けて、林野庁においても人員削減が急速に進められ、1993年の森林法改正時には3,000人程度の職員であったものが、2013年現在は1,000名を切るまでになっている。近年では、普及指導業務を大幅に削減せざるを得ないなど、現場レベルでのサービス提供に大きな支障が生じている。

環境行政を担う組織

　スウェーデンの自然環境保全に関しては、政策部門は環境省が、執行部門は自然保全庁が担っている。両者の関係は、林野庁で述べたのと同様である。

　自然保全庁の組織は総務部、研究・アセスメント部、政策開発部、政策実行部の4部から構成されている。政策実行部がスウェーデン環境法典およびスウェーデン環境目標に基づく政策の実行を担い、研究・アセスメント部でこれを支える研究や政策実施のモニタリングなどを実施し、政策開発部では環境省が行う政策形成の支援業務を行っている。

前述のように、自然保全庁は地方組織を持っておらず、地域における自然
保全行政の実行は、県域執行機関が行っており、予算については自然保全庁
から県域執行機関に分配されている。

第3節　森林管理政策の具体的内容

　スウェーデンでは保護区として生産の対象から外される森林と、森林法の
下で一般的な配慮が求められる森林が明確に区分されている。そこで、環境
法典等に基づく保護地域の設定の状況についてみてから、森林法のもとでの
森林施業の具体的なコントロールの内容についてみよう。併せてコントロー
ルを支える仕組みについても検討する。前述のように、森林認証が重要な役
割を果たしているので、認証の取り組みについても述べる。

保護区域の設定
　表6はスウェーデンの全森林に対する保護区設定の概況を示したものであ
る。また、より詳細な統計が得られる生産林における保護区設定について、
表7に示した。
　環境法典によって規定されている国立公園や自然保護区など規模の大きな
保護区は国有地上に設定されている。これら保護区のうち、生産林に設定さ
れている面積は全森林の4割程度しかなく、北部や高標高地などに存在する
非生産林において規模の大きな保護区設定が行われていることを示してい
る。このほかに、スウェーデンでは自然保全協定という仕組みがあり、保全
上重要な価値を持つ土地に対して国と土地所有者が協定を結び、土地所有者が保全義務を負う代わりに国が金銭的補償を行っている。以上が法制度の下で公

表6　スウェーデンにおける保護区域の設定状況

種類	森林面積（1,000ha）
国立公園・自然保護区	1,924
生息域保護区・自然保全契約地	54
自発的に保全した森林	1,112
全森林面積合計	28,276

資料：スウェーデン森林統計書

第4章　スウェーデン

表7　スウェーデンにおける生産林に設定された法令による保護区面積

区分	箇所	面積（ha）
国立公園・自然保護区		805,459
野生動物保護区	912	87,540
生息域保護区	6,706	21,490
自然保全契約地	4,348	27,851
生産林面積合計		23,223,000

資料：スウェーデン森林統計書

的に保護された森林となっている。

　公的に保護された森林のほかに、所有者が環境などの保護のために自主的に生産から外した森林が存在する。林野庁では、0.5ha 以上のまとまりをもって、所有者が自発的に生産対象から外し、経営計画等に記載されているものを自発的に保全した森林と定義しており、統計書にも計上されている。これらは主として森林認証取得に関わって設定され、国や自治体に対して保護の義務は負わない。スウェーデンでは非規制的森林政策のもとで、森林認証の取得が積極的に進められており認証カバー率も高い。このため、認証によって自発的に保護された森林面積が、公的に保護区に指定された森林面積に匹敵する規模となっており、森林環境保全において重要な役割を果たしている。

施業規制の内容

　森林法によって規定されている施業規制の内容は、以下のとおりである。

　資源の持続性確保については、所有者に対して主伐後の更新義務が課せられている。更新は 3 年以内に確保することとされ、十分な数の稚樹がない場合には補植が求められる。また、一定の林齢になるまでの主伐は禁止されている。このほか、50ha 以上の所有者に対しては、主伐の最大面積の制限など、資源の持続性を確保するための特別な規制を課している。

　自然環境及び文化遺産の保護については、伐採を行うにあたって、林野庁が作成した環境配慮型施業の指針に基づいて、以下の点に対して配慮を求めている。

①希少な動植物種の保護

②河川・湖沼などの水辺に対する 10 ～ 15 m 程度の緩衝帯の残置

91

③過大な面積の伐採の禁止

④脆弱な生息域や歴史的価値のある場所への損害の回避

⑤老齢木・枯損木等の残置

⑥伐採・搬出による土壌・水環境への影響の最小化

⑦林道・作業道作設による林地への影響の最小化

⑧住居跡地など文化遺産の保全

　ただし、規制措置は届出された伐採面積の10％を超えて求めてはならないとし、上記8項目の中では希少動植物種の保護を最優先とすべきことが定められている。一方、希少動植物種の保護以外の配慮事項については、10％という限度の中で何をどれだけ優先すべきか法令の中で明示されておらず、現場に混乱を生じさせる場合があることが指摘されている[11]。

　WKHに対しては、森林法の下で保護義務は課せられていない。ただし、森林所有者は、WKHを伐採の対象とする場合は、伐採届出の際に林野庁に相談をすることとされている。林野庁は自然保全協定を結んで保護することもできるが、補償財源が限定されているので契約に至ることは少なく、伐採されるWKHも多いとされている[12]。ただし、森林認証を取得するためにはWKHの保護を行うことが条件となっており、森林認証の取得によってWKH保護が確保されている。

　このほか、特別に価値の高い広葉樹林および保護林は伐採許可制としている。氷河期の影響を大きく受けたスウェーデンでは広葉樹林の存在が貴重である。ブナ・ナラ・タモなどの樹種を含んだ広葉樹林の伐採には、更新・自然保全の手段を記載した伐採許可申請が求められ、伐採した場合は同種の広葉樹の更新を求められる。保護林は、北部山地林に指定されているが、厳しい自然環境下で成立していること、少数民族によるトナカイの放牧地となっていることから、確実な更新や貴重な自然環境の保全、トナカイ放牧の保護を目的として、伐採許可制としている。

　助成措置については、前述のように補助金はほぼ廃止されており、現在供与されているのはEUの農村開発プログラム（Rural Development Program）による、広葉樹林の増加および生物多様性保全施業を支援する補助金のみとなっている。

伐採届出制度

　森林所有者は自家用を除く伐採作業、燃料利用のための搬出作業、伐採作業に関わる排水作業にあたって届出を行うことを求められており、その際に更新を確保するための手段と、自然環境・文化遺産保護のためにとる手段についても記載しなければならない。

　伐採届出は年間約 55,000 件提出されており、このうち木質バイオマス燃料採取など一般用材生産以外の伐採届出は約 3,000 件となっている。伐採届出は約 6 割が電子申請であり、それ以外は文書で提出されている。伐採届出のフォームは詳細なものであり、伐採面積および更新の方法のほかに、伐採対象地内における渓流・湿地や古い居住地や農地跡などの存在状況、希少な動植物種の存在状況、保護区設定の有無、枯損木などの残置方針、土壌・水環境への配慮方針などを記載[13]し、地図情報とともに提出することを求め

図 16　自然環境に配慮した伐採
一定の本数の樹木・枯損木を残置させている

93

ている。

　すべての申請は、林野庁の GIS に入力され、制度的な保護区の存在状況、環境配慮が必要な場所、水系などデータベースに登録されている情報と照らしあわせてチェックを行い、問題がある、あるいはありそうな届出を抽出した上で、その情報をディストリクトに知らせている。

　ディストリクトでは、上述の GIS 上での情報のほか、職員が把握している情報などを勘案して伐採届出のチェックを行い、必要な場合には現地調査を行う。2011 年度において現地調査を行った件数は約 4,300 件であった。

　以上のようなチェックをもとにディストリクトは伐採届出への対応を決定する。更新確保や自然環境保全などのため何らかの追加的措置や届出内容の修正などの措置が必要な場合には助言を付して認め、是正が困難と認められる場合には差し止めとする。

　年間約 3,000 件の届出に対して助言が付加されるが、このうち更新確保に関わるものが約 2,000 件、自然環境保全に関わるものが約 1,000 件となっている。また、更新方法の条件付けを行うものが約 150 件、自然環境・文化遺

図 17　伐採地で保全された文化遺産（居住跡地）

産保護のための伐採差し止め命令は年間50件程度行われている。条件付け・差し止めに違反した場合には罰金を課すこととしているが、最終的に違反が確認され罰金支払いを命じられたものは10件程度となっている。

このようにスウェーデンにおける伐採届出は内容のチェックが厳格に行われ、助言の付加から伐採差し止めや罰金の支払いなど、実質的に伐採許可制に近い運用が行われている。

施業規制を支える仕組み

上記のような森林施業規制を支える仕組みとして、組織・人材と、データ・システムが重要な役割を果たしている。

まず、組織・人材面であるが、伐採届出やこれに関わる規制・指導を担当しているのはディストリクトであり、これを本部の職員が専門的な立場から支援・助言を行っている。ディストリクトでは地域特性を知悉した伐採届出業務専門職員を確保・育成する人事システムをとっており、ディストリクト間の伐採届出制運用の差異をなくすための集合研修や、判断基準に関わる情報提供が行われている。

スウェーデンでは森林組合が活発な活動を行っている。現在4つの森林組合があり、個人所有の経営に対して計画策定・施業代行・木材販売などの支援を行っいる。伐採届の作成・提出を代行することも多く、森林認証の取得も積極的に進めている。このような森林組合活動も、個人所有林における施業の水準確保と、法令などを遵守した伐採計画の策定・実行に重要な役割を果たしている。

データ・システム面では、林野庁がGIS上に森林に関わるデータベースを構築していることが重要である。このデータベースには、資源内容のほか、配慮すべき環境や文化遺産の位置・内容、保護区をはじめとするゾーニングに関わる情報などが集約されており、前述のWKHの情報も含まれている。伐採届出は地図情報とともに提出されるので、GIS上のデータベースで照合され、問題点などが迅速にチェックできる。

ここで強調しておきたいのは、単にシステムが整備されているだけではなく、データ自体の整備・更新が継続的に行われていることである。例えば、

WKH については、森林内の小規模ビオトープ保護が弱体であるという指摘を受け、1991 ~ 93 年に 1,300 万クローナをかけて WKH 指定の基準、さらには地図化手法の調査を行い、マニュアルを策定し、1993 年~ 98 年に 3 万人日、1 億クローナをかけて全国調査を行った。この調査に対しては、調査員の保全生態学の知識不足といった批判があり、さらに 2000 年に林野庁が行ったレビューでは、必要な WKH の約 2 割強しか指定されていないという結果が出たため[14]、2001 ~ 03 年に追加調査が行われた。2010 年現在、約 5 万 4,000 か所、17 万 ha の森林が WKH として把握されており、地図情報として公開されている。このように、森林に関わる GIS データベースが構築されていることが、伐採届出のチェックを迅速かつ根拠に基づいて行う上で重要な役割を果たしている。

　また、伐採届出された場所の伐採・更新状況に関するモニタリングシステムの整備が行われていることも重要である。毎年約 5,000 件を抽出して現地調査を行い、環境配慮の実行状況や、生態系保全に関する配慮要求事項に対する実行状況などのチェックを行っている。また、衛星写真を利用して、伐採が届出通りに行われているのかについても、全森林を対象に毎年チェックを行っている。これは 1990 年代後半に林野庁が開発したシステムであり、前年度との画像データの比較から皆伐地を抽出し、伐採届出で提出された伐採予定区画との整合性のチェックをしている。これらモニタリングは問題行為を事前に止めることはできないが、誰がどこで、どのような問題行為を起こしているのかを把握でき、伐採届出制運用の課題についても明らかにできるため、制度の運用改善に役立てられている。

　モニタリングの結果が伐採制度の運用改善につながった例を述べておこう。伐採届出の際に環境配慮への助言を付加することがあるが、これが遵守されずに配慮すべき森林が伐採されてしまう事例が頻発していることが上述のモニタリングの結果から明らかとなった。このため、2012 年より伐採届出への助言の際、保全上特に重要な森林については伐採禁止場所を明示することとしている。2012 年には 60 件の伐採届出に対してこの指示が行われ、2013 年は 9 月末日段階で 100 件に対して行われた[15]。

　ここで言えることは、第 1 に伐採届出制でも環境に配慮した施業の確保は

かなりの程度可能であること、第2にモニタリングを行うことで課題点を明らかにし改善につなげることが可能であるということである。

ただし、伐採届出の厳格な運用と、それを支える仕組みの構築を行っているものの、伐採時に適切な環境配慮が行われているかについては、必ずしも満足すべき状況ではない。林野庁が発

図18 GIS上で森林のデータベースが整備されている

行している統計書に掲載されている伐採後のモニタリング結果をみると、約2割弱が影響を受けやすい生息域に対して負の影響を及ぼしているとされていた。また、スウェーデン環境目標の達成状況に関わるモニタリングでは、主伐地における枯損木や広葉樹の残置に関してはプラスの評価がされていたものの、主伐にあたって環境保全が十分配慮されていないことも指摘された。このため、森林法の要求を充足できる森林環境配慮型施業ガイドラインの策定作業が林野庁と森林組合・林業事業体などとの協働で行われ、保残木施業の行い方など、現場レベルで具体的に活用できるようにし始めた。

次に、伐採届出制の限界を超えて環境保全を達成しようとする森林認証の取り組みについてみる。

森林認証の展開

スウェーデンでは世界に先駆けて森林認証の取り組みを進めてきており、森林政策の補完的な役割を果たしている。そこで、スウェーデンの森林認証の展開と現状についてまとめておく。

スウェーデンで最初に森林認証を取得したのは大規模総合林産企業であるストラエンソ社で、1996年に30万haの社有林でFSC認証を取得した。同年には、林産業界・森林組合・環境保護団体など関係団体によってFSC森林認証の国内基準策定のワーキンググループが発足し、1998年にはスウェーデン国内認証基準がFSC理事会で承認された[16]。FSCの活動が本格的に開始したのは1993年であり、スウェーデンは国際的に先頭を切って森林認

証の取り組みを始めたといえる。なお、森林組合は、FSC 森林認証のスウェーデン国内認証基準策定に参加していたが、少数民族サミのトナカイ放牧に関する慣習的森林利用の権利をめぐる対立から、策定プロセスから脱退した。このため、FSC の森林認証は大規模社有林を中心に進展することとなった。

一方、森林組合の中でも最も事業規模が大きく、林産物輸出を活発に行っている森林組合ソドラは、森林認証の必要性を認識し、独自の森林認証を立ち上げようとした。他の欧州諸国でも小規模森林所有者を主たるターゲットとした、FSC とは別個の森林認証スキームの創設の取り組みが始まり、1999 年に欧州 11 か国の代表によって PEFC[17] の仕組みが発足した。国際基準を基本とする FSC に対して、各国で策定された基準を相互に認定して国際的な認証ネットワークを構成するのが PEFC である。スウェーデンでは 2000 年に PEFC の国内基準が承認され、森林組合による団体認証として個人有林を中心に認証が進んできた。

前述したように、森林認証の推進に当たっては森林行政・政策が重要な役割を果たした。スウェーデン農林省は所有者への普及教育によって適切な森林管理を確保するための重要なツールとして森林認証を位置付け、ソドラと

図 19　スウェーデン南部地域を所管する森林組合ソドラの本部

共同で森林認証の内容と連動した「緑の森林経営計画」策定支援ツールを開発した。これをもとに所有者への普及指導を行い、所有者が緑の森林経営計画を策定・実行することが森林認証認定につながる仕組みをつくった。これによってPEFC森林認証が進み、表8にみるようにソドラでは認定率が7割を超えている。

図20　SODRAによって作成された緑の森林計画

なお、スウェーデン国内の自然保護団体は、FSC森林認証の下での大規模社有林の森林管理について、原生林など生態系保全上重要な価値を持つ伐採が進んでいるなどとして批判を行っている、最大の自然保護団体であるスウェーデン自然保護協会は、スウェーデンでのFSCの立ち上げにも中心的な役割を果たしたが、2010年にはFSCから脱退するなど、森林認証の正当性の揺らぎがみられる[18]。ただし、フィンランドと同様、森林組合を中心とした小規模所有者の森林管理に対しては表だった批判は行っていない。

表8　森林組合ごとの森林認証取得率

組合名	組合員所有面積（千ha）	PEFC加入率（％）	FSC加入率（％）
ノラスコッグ	920	46.4	0
ノルスコッグ	1218	29	0
メランスコッグ	1723	33.3	0
ソドラ	2366	71.6	59.2

資料：ソドラ資料

認証で求められる内容

　PEFC森林認証では環境保全に関わってどのようなことを要求しているのかについてみておく。

　まず、所有山林のうち最低5％については経営から除外する場所として保護するとし、WKHについては優先して保全することとした。経営から除外する森林に準ずるような保全的価値を持つ森林については、その価値に配慮しつつ施業を行うことを求めている。

スウェーデンには泥炭地上に成立した森林や湿地性の森林が多く存在しているが、これら森林についても上述の経営からの除外森林に含めて保全をすることを求めている。また排水路を作設して乾燥化させることは基本的に禁止し、既存の排水路については適切な管理によって機能維持を求めている。

　水土保全への配慮も求めており、林道作設は水辺域を避けること、重機による道路の攪乱・土砂流出回避などを定めている。また、河畔域での施業にあたって緩衝帯を設けることを求めている。

　皆伐を行うに当たっては、保残木を維持することを求め、保残木として認められる種類（例えば、広葉樹、老齢木など）を定めるとともに、ha当たり10本以上を残存させることとしている。枯損木についても、一定材積までは残存させるよう求めている。

　このほか、広葉樹が重要であることから、広葉樹が主体の森林や混交林に対しては、選木や更新の具体的な指針を示し、特別な配慮を求めている。

　景域レベルでの配慮も求め、5,000ha以下の所有者に対しては、地域レベルで策定される環境配慮の行動計画を取り入れて計画策定を行うこと、より大規模な所有者に対してはギャップ分析などを行い、広域生態系保全を確保できるような計画策定を求めている。

　このような森林認証基準は、WKH保護など、森林政策で取り組むべきとされながらも法令での実行確保ができなかったことを組み入れ、森林政策を補完して、森林環境保全を進める重要なツールとなっている。

　なお、2010年からソドラは、FSCの森林認証にも取り組み始めた。欧州市場においてFSC認証の要求が高まる中で、市場での地位確保のためにはPEFC認証だけでは対応できず、FSC認証の導入が必要であるとの判断に基づくものである。ソドラは、FSC認証基準に近い形でPEFCの認証を行ってきていたため[19]、従来の基準を若干改訂することでFSC基準を満たすことができた。ソドラでは、PEFC、FSCの認証林からの木材販売に際してそれぞれに10クローナ/m³のプレミアムを支払っており、両方の認証を取得している所有者には20クローナ/m³を支払っている。これによって、所有者の取得へのインセンティブを高めており、その結果として、表8にみるように6割近い森林所有者がFSC認証を取得しているのである。

第4章　スウェーデン

※本章は柿澤宏昭（2015）スウェーデンにおける環境保全型森林管理（岡裕泰・石崎涼子編著、森林経営をめぐる組織イノベーション―諸外国の動きと日本―、広報ブレイス）209 ～ 233 頁をもとにして作成した。

脚注

1　生産林は 1 ha あたりの年間成長量が 1 m³ 以上の森林と定義されている。

2　本節の森林法制度に関する記述は主として Nylund, J. (2009) Forest Legislation in Sweden, The Swedish University of Agriculture によった。

3　交告尚史（2005）スウェーデンにおける総合的環境法制の形成（畠山武道・柿澤宏昭編著、生物多様性保全と環境政策、北海道大学出版会）159 ～ 219 頁

4　Nylund, J. (2010) Swedish Forest Policy since 1990, The Swedish University of Agriculture

5　ソドラはスウェーデン最大の森林組合で、組合員 5 万 100 人、組合員所有森林面積は 240 万 ha に上る。関連企業で紙パルプを含む大規模加工業を営むなど活発な事業展開を行っている。

6　土屋俊幸（2005）スウェーデンにおける生物多様性保全と森林管理（畠山武道・柿澤宏昭編著、生物多様性保全と環境政策、北海道大学出版会）259 ～ 277 頁

7　県レベルの行政執行活動を行う国の行政機関。

8　Swedish Environmental Protection Agency (2013) Sweden's Environmental Objectives; An Introduction. Swedish Environmental Protection Agency

9　前掲交告尚史（2005）

10　リージョン・ディストリクトは林野庁独自の区分で、地方自治体の境界とは別個に設定されている。

11　2013 年 1 月 21 日林野庁担当者への聞き取りによる。

12　Timonen, J., Slitonen, S., Gustafsson, L., Kotiaho, J. (2010) Woodland Key Habitats in Northern Europe；Concepts, Inventory, and Protection. Scandinavian Journal of Forest Research 25, 309 ～ 324

13　環境配慮方針についても詳細な記載を求めており、例えば枯損木などの残置

方針については、樹洞のある木、枯死木、希少種の樹木、老齢木、人工的に
作った枯損木ごとにチェックを求めている。

14 Hansson, L（2001）Key Habitats in Swedish Managed Forest. Scandinavian Journal of Forest Research, Suppl. 3, 52 ～ 61

15 2014 年 11 月に行ったスウェーデン林野庁における聞き取り調査による。

16 尾張敏章（2005）スウェーデンにおける持続的森林管理と森林認証（石井寛・神沼公三郎編著、ヨーロッパの森林管理、J-FIC）285 ～ 306 頁。世界で初めて策定された FSC の国内基準であった。

17 発足時の正式名称は Pan European Forest Certification で、この頭文字をとって PEFC と称していたが、欧州以外へも相互認証が広がりを見せる中で Programme for the Endorsement of Forest Certification へと名称変更している。

18 詳しくは前掲柿澤宏昭（2015）

19 例えば、WKH の保護について、PEFC の基準では所有森林内に 5％を上回る WKH がある場合、5％までを保護すればよいことになっているが、ソドラでは 5％を上回る部分についても保護を求めていた。

102

第5章
フランス

フランスの国土面積は 5,510 万 ha、森林面積は 1,595 万 ha であり、森林率は 29% となっている。森林資源の特徴は、広葉樹林が森林面積の約 6 割を占め、広葉樹の比率が高いことである。森林蓄積は 2009 年時点で 25 億 m³ であり、1981 年から 2009 年までに年平均 1.4% ずつ増加しているとされている。森林所有は私有林が 74% を占め、自治体有林が 16%、国有林が 10% となっており、私有林の比率が高い。また、私有林における所有規模をみると、25ha 未満が所有者数では 97% を占めており小規模が卓越している。ただし、所有面積でみれば、25ha 未満層が占める比率は 52% となっている。近年の丸太生産量はおおむね 5,000 ～ 5,500 万 m³ の間で横ばいとなっており、針葉樹材と広葉樹材の比率は 2：1 程度となっている。

第1節　森林・自然環境政策の展開過程

森林政策の展開過程

　フランスにおける森林に関する法制度の形成は、1827 年に制定された森林法にさかのぼる。この森林法では、「森林の経営を国家の管理のもとにおく森林国家管理制度を設け」、国家が所有する森林のほか、県、市町村、共済組合など公的主体が所有する森林をこの制度のもとにおいた。一方、「私有林については、私有財産に対する干渉を避けるという思想から経営の自由を原則と」[1] した。これ以降、公的森林所有と私的森林所有を峻別し、前者に対して行政的統制＝国家森林管理制度を適用するのがフランスの森林行政の基本的な特徴となった。

　原則として森林行政から非干渉とされた私有林についても、その後、森林管理上の問題や林業振興への対処、社会経済状況の変化などへの政策対応がみられた。まず、1930 年には森林を有償で取得した際に課せられる譲渡税の課税標準額を 4 分の 3 減額する措置をとった。これは、税支払いのための乱伐を避けることが目的であり、税優遇措置を受け入れる条件として適切な森林の管理と計画的な伐採を義務付けた。さらに 1963 年には、一筆 25ha 以上の森林所有者に対して簡易施業計画を作成し「地域森林所有者センター

（CRPF）」の認可を受ける義務を課す仕組を導入した。この制度は「私有林の零細性や分散性を克服して森林生産を整備し、組織化し、近代化するため」に設けられた仕組みである。地域森林所有者センターは、「フランスの森林の生産及び土地所有構造の改善に関する法律」によって設置され、職業的基盤に立った中間団体としての性格を持つ。こうした組織を簡易施業計画の認定者とすることによって、国家による私有林による直接的介入を避ける仕組みとなっている[2]。

1946 年には国家林業基金制度を創設し、林産物に対する課税をもとにして、植栽・再植栽、林道・森林防火などに対する助成・融資を行っている。簡易施業計画制度発足以降はこの計画を策定するものに対して助成を行っており、助成制度の提供と引き換えに適切な森林管理の義務を課したといえる。

このように、フランスでは、公的森林所有に対しては国家的な統制を行い、私有林に関しては国家的介入を慎重に避けつつ、一定規模以上の森林への計画策定義務付けや、計画策定の見返りとしての補助金供与などによって施業のコントロールを行おうとしてきた。

1970 年以降の森林・林業に関して策定された政府レポートは、一貫して森林の低開発状況を指摘するとともに、木材生産増大を提案しており、森林政策に関する政府の関心は木材生産増大を基調としていた。また、小規模零細森林所有が効率的施業を行う上で大きな課題であることが指摘されてきた[3]。こうした課題への対応は、基本的には「国家林業基金による融資や地域森林所有者センターの活動などを通して」[4]実行され、森林計画制度など法制度の改正などは行われてこなかった。

1990 年代の後半になると森林に関わる基本的な法制度の変革が課題として意識されるようになった。直接的には 1997 年 12 月に社会党を中心とする連立政権のジョスパン首相が、森林公社理事長の経験もある国会議員ジャン・ルイ・ビアンコに森林法典[5]の改正に向けた骨子の作成を依頼したことに始まる[6]。ビアンコは、1998 年 8 月に「森林―フランスにとってのチャンス」という報告書を提出したが、この中には森林関連作業の生産性向上、森林の持続的管理の認証、森林所有者と国との間の国土契約制度の創設、自然

の適切な管理の保証などの提案が含まれていた。また、フランス国内の森林資源は効率的な投資を行うことによって生産性が高まり、同時に公益的機能や生態系保護、レクリエーションなど森林の総合的利用が促進されるという予定調和的な考え方が基礎とされていた[7]。

ビアンコ報告をもとに法案の作成が行われ、2000年4月に閣議決定された。その後、森林所有者センターをはじめとする関係団体などからの意見聴取が行われ、2001年6月に「フランスの森林の方向性に関する法律」が可決され、7月に公布・施行された。ビアンコ報告で提案された内容は、基本的に本法律に盛り込まれた。

森林法制度の転換が行われた背景としては、欧州諸国において1990年代以降森林環境保全を取り入れた政策転換が各国で進み、1990年に欧州森林保護閣僚会議が開始されるなど、国際的な森林政策に関わる環境配慮の組み込みが指摘できる。また、1999年2月に発生した大規模風倒被害が針葉樹偏重の造林や林業・林産業の小規模分散構造の問題を認識させ、改革を大きく後押しした側面もある[8]。

なお、1999年には、国家林業基金制度が廃止された。国家林業基金の年間財政規模は6,600万から1億ユーロの規模であったが[9]、第1にEUから不当競争であるとの改善要求が行われたこと、第2に素材生産・加工業者からの税低減への要求があったこと等から廃止された。ただし政府は、一般会計から造林補助金を継続して供与することとした。

自然保護制度の展開過程

次にフランスの自然保護に関する制度展開についてみる。

保護地域に関しては、1930年に天然記念物の保護に関する法律が制定され、1960年に国立公園に関する法律、1967年に地域自然公園に関する政令が制定された。このうち地域自然公園は、自然環境保全のみを対象とするものではなく、自然・文化を保全しつつ地域の持続的な発展をめざすものである[10]。1976年には自然保護法が制定されて、自然保護地区の仕組みが導入された。

1982年には、自然史博物館が環境・エネルギー・持続的発展省の指揮の

もと生態的に重要な動植物相のある自然地域（Zone Naturelle d'Interet Ecologique, Faunistique et Floristique、以下「ZNIEFF」）の調査・指定を行い、自然保護政策の重要な基礎的資料となった[11]。

2000年には環境保護に関する包括的な法体系として環境法典が制定され、自然保護・自然公園関係の法律が統合されたほか、2005年には憲法の中に環境憲章を組み込む憲法改正を行っている。また、2006年には自然公園に関わる制度の抜本改正が行われ、自然公園と地域社会との関係構築などが組み込まれた。

さらに、サルコジ政権成立直後の2007年7月から10月にかけて、「エコロジー・持続可能な開発、運輸、住宅問題省」（以下「環境省」）が主宰し、環境グルネル（Grenelle de l'Environnement）という懇談会が開催された。「グルネル」は、1968年5月の「五月革命」を政府代表と学生・労働者代表との会議で収拾した「グルネル協定」に因んで名づけられた。この懇談会の目的は政府・NGO・企業・自治体など多様な主体の議論によって、今後の環境政策の方向性を策定することにあり、フランス社会における環境保護問題への関心を大きく高めることとなった[12]。会議最終日に公表された環境関連政策の実行を確保するため、2008年にはプログラム法として環境グルネル法を、さらに対策を提示した環境グルネル第2法を2009年に成立させた。これらの法律では生物多様性保全や農林業も対象とされ、国立公園の新たな指定、生物種と生息域保護、緑と水のネットワーク形成、木材利用など多様な施策の方向性が打ち出されている。

以上のように、フランスの自然環境に関わる政策展開は、他の欧州諸国に比較して遅れていたが、近年急速に展開するようになってきている。

第2節　森林法典と森林行政組織

森林法典の概要

本節では、改正された森林法典の概要と、これを実行する森林行政組織の概要について述べる。

まず、2001 年に抜本改正された森林法典の主たる内容について、改正点を中心にみていく[13]。

　本改正において、それまで明示されていなかった法の目的・政策の基本思想が規定された。森林政策の基本原則を、「持続的発展の観点から森林の経済的・環境的・社会的な機能を考慮するとともに、国土整備に寄与する」としたうえで、法の目的として、森林および天然資源の持続的管理の確保、林産物の生産・伐採・加工の各段階の競争力の強化、森林に対する社会的要請の充足を掲げた。さらに、森林政策は、「農村開発、雇用の維持・促進、地球温暖化対策、生物多様性保全、土壌・水質の保全、自然災害の防止という他分野の政策とともに準備・実行される」という規定を置き、他の政策分野との関係を示した。

　森林の持続的管理については、「生物多様性・生産性・更新能力・活力および地域・国家・国際の各段階における経済的・生態的・社会的機能を現在および将来にわたり充足する能力を、他の生態系に悪影響を与えることなく維持すること」と定義した。これは 1993 年の第 2 回欧州森林保護閣僚会議で決議された「欧州の森林の持続可能な経営に関する一般的ガイドライン」D 項から引用したものであり、EU レベルの議論を反映させている。また、ここで定義された森林の持続的管理の条件に適合していると保証または推定される森林についての規定があり、国家森林管理制度の適用を受ける森林、簡易施業森林計画など森林計画に定められた基準に従って管理されている森林などが持続的な森林管理を行っていると認められるとした。なお、公的な助成は持続的な森林管理を行っていると認められた森林に対してのみ行われる。

　このほかの森林法典の主要な内容は、以下のとおりである。

　まず、公的な森林所有に対して国家森林管理制度による統制をかけ、私有林はこの統制の下には置かないという原則は踏襲している。

　森林行政組織については、改正前の森林法典では私有林行政を援助する組織として地域森林所有者センターの設置を規定していたが、その全国組織である地域森林所有者センター全国連絡協議会は規定を持っていなかった。改正後の森林法典では、所有者センターの活動を強化するために、農水大臣の

監督下に公施設法人として全国森林所有者職能センターを設置することを規定し、全国連絡協議会をこれに移行させた。

森林管理政策に関わっては、25ha以上の所有者に対して簡易施業計画の策定を義務付けていたが、改正によって10ha以上の所有者も任意で策定可能としたほか、簡易施業計画の対象外である小規模私有林を対象とした森林管理の指針を策定することとし、森林法典の下での施業コントロールの対象となる森林を広げた。また、5ha以上の伐採について、簡易施業計画対象森林以外については知事の許可制にし、伐採後の更新義務を強化するなど規制的な措置を強化した。

森林法典には保安林の規定があり、公益上保全が必要である森林を保安林として指定し、施業に対して規制をかけている。保安林には厳しい規制がかけられており、伐採は許可制で、土石採取や開墾は禁止される。

このほか、「テリトリーに関する森林憲章」の仕組みを新たに置いた。これはある特定の地域において、森林の適切な管理（環境的側面）、雇用・農山村の暮らし・レクリエーションや狩猟（社会的側面）、林業など（経済的側面）のために森林憲章を策定し、所有者・国・自治体・環境NGO・経済団体などが協定を結んで、財政援助を得ながら、その実現に向けた取り組みを行うものである。中央集権的な性格が強かった政策体系に分権的な政策を取り入れたこと、多様な主体による協働の森林管理と地域振興など地域政策との連携を開いた点で大きな意味を持つ。

また、森林政策が国の権限に属すると規定しつつ、地方公共団体は森林政策の実施に寄与することを目的とした契約を国と結ぶことができるとした。このことは上述の森林憲章と併せて分権化に寄与することとともに、契約に基づく政策の展開という新たな政策手法（契約的手法）の導入という面も持っている[14]。

フランス森林法典の2001年改正は、次のような特徴を示している。

第1に、森林法目的規定において、1992年のリオサミットの議論を踏まえて森林政策を環境・経済・社会的機能を考慮して進めるとし、欧州森林保護閣僚会議の結果を踏まえて森林の持続性の定義を置くなど、国際的な動向を踏まえて政策の方向性や定義を規定しており、国土管理との関係や生物多

様性など他の政策分野と関連して行われるべきことを示した。

第2に、私有林に対して国家介入をできるだけ回避するという基本は維持し、規制的な手法の導入は最低限としつつ、一定規模の所有者の計画策定義務、森林管理指針の提示や助成などによる誘導によって、持続的な森林管理を実現しようとした。

第3に、分権化を進めるとともに、契約的手法など新たな政策手法を導入した。

以上のように、私有林への権力的な介入を避けつつ、国際的な動向に対応した新たな政策展開の基盤を形成したといえる。

森林行政組織の仕組み

図1は、森林に関わる行政・関連組織を示したものである。

森林行政を主として司るのは農業食料省（Ministere de l'Agriculture, de l'Agroalimentaire）である。森林行政の州レベルの国の出先機関として州農林課（DRAF）、県レベルでの出先機関として県農林課（DDAF）がある[15]。

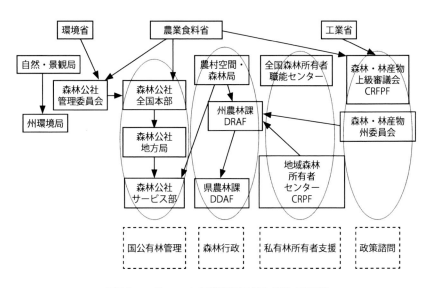

図21　フランスの森林管理政策に関わる組織
資料：太田（2005）、古井戸（2010）をもとに筆者作成

第 5 章　フランス

フランスでは地方レベルで国の行政を実行するために州・県が設置されており、それぞれに中央省庁の出先が張り付いている形になっていたが、1982年の改革で、州・県はそれぞれ地方公共団体として位置付け直された。このため州農林課、県農林課ともに国の出先機関としての性格は弱まってはいるが、県農林課の任務の一つである「分散化された国のサービス」のように依然として事業予算のほとんどを国が支出していることが指摘されている[16]。一方、地方分権化が進む中で、州や県も独自に森林行政に取り組みつつあり、これについては後述する。

　森林行政組織のほかに、私有林行政及び私有林所有者の支援を行うための「地域森林所有者センター（CRPF）」が設置されており、簡易施業計画の認定業務などを行っている。この組織は政府の監督下に置かれているが、固有の財源と専門技術職員とを備え、私有林所有者代表者等で構成される理事会で運営されている[17]。2001年の森林法改正によって全国森林所有者職能センターが法的に位置付けられ、地域センターを支援する役割を果たしている。

　このほか「森林・林産物上級審議会」が設置されているが、これは議員・関係省庁・自治体・森林関係専門家・労働組合等の代表によって構成される国レベルの組織で、森林政策の定義・調整・実施・評価を行う。審議会メンバーのうち20人は「森林政策委員会」を組織しており、大臣に対して戦略や規則についての助言を行う。地方レベルには「森林・林産物州委員会」が設置され、上記の方針の下で地域レベルでの政策に関与している。

　また、国家森林管理制度の適用を受ける国公有林の管理を行っているのが森林公社であり、企業的な性格を持つ公的機関である[18]。

　森林に関わる自然環境保全に関しては環境省が関与しており、主に保護区制度の運用のほか、生態系保全のための調査や保護すべき地域の明確化などを行っている。州に出先組織として環境局が置かれている。

第3節　森林管理政策の具体的な内容

　フランスにおける森林施業のコントロールは、環境省が所管する環境法典

によるものと、農業食料森林省が所管する森林法典によるものに分けられる。前者は国立公園など特に価値の高い自然環境を特別のゾーニングによって保護する仕組みを主体としており、契約による保護区の設定など新しい政策手法を導入している。森林法典による私有林の施業のコントロールは、大きく分けて保安林指定による規制と、すべての森林を対象とした最低限度の施業規制と計画制度によるコントロールがある。また、このほかに2001年の改正によって森林憲章の仕組みが導入された。本節ではまず環境法典の下での仕組みについて述べた後、森林法典による森林コントロールの仕組みについてみる。

環境法典による保護区などゾーニング

　フランスでは2000年にそれまでの環境法を総合化・進化させた環境法典が制定され、この環境法典において、自然保護区に関わる制度が定められた。

　最初に指摘しておくべきことは、フランスの環境法典の下での保護区制度は、制度の柔軟性が高いことであり、ゾーニングや規制などは、各地域の状況に応じて決めることができる。保護区同士のオーバーラップなどの柔軟な対応を可能とさせたが、保護区の運用管理をめぐって混乱を引き起こすことも指摘されている[19]。

　海洋に特化したものを除く主要な保護区についてみると以下のようになる。

国立公園：特に重要な自然環境でその劣化・破壊から守る必要があるときに指定される。政府が主導して指定し、その際所有者の意見聴取が必要であるが、指定にあたって所有者の同意は必要としていない。コアエリアと付属地域からなり、コアエリアは厳しい規制がかけられ、原生保護地域を設定することもできる。従来は、規制による自然環境保全に力点が置かれていたため、地域社会から国立公園に対する反発が強かった。このため、2006年に制度が改正され、公園管理目的に地域の発展、地域住民の参加の保障が加えられた。国立公園ごとに国立公園管理局が置かれ、国や地域の代表からなる理事会によって運営を行っている。

指定箇所数は 6 か所、合計面積は 42 万 3,000ha となっている[20]。

自然保護区：動植物・土壌・水・鉱物・化石そして自然環境全般が特に重要
であるか、人間活動から保護することが必要である場合に指定されるもの
で、国保護区、地域保護区、コルシカ保護区の 3 種類がある。地域保護区
は 2002 年に新たに創設されたものであり、地域（州）に、初めて生物多
様性保護区設定に関わる機会を与えた。自然保護区に指定された土地に対
しては、その性格に応じて規制措置を設定することができる。

指定箇所は国保護区が 164 か所、地域保護区は 173 か所、指定面積はそ
れぞれ 256.6 万 ha、27,550ha である。

ビオトープ保護令による保護区：法的に保護された種の絶滅を回避するため
に州知事の命令によって指定される保護区。ビオトープには、湿地、森
林、草原など多様な生態系を含む。

672 か所、12 万 4,500ha が指定されている。

Natura2000 保護区：フランスでは Natura2000 保護区の指定にあたっては、
環境法典に規定されている契約的アプローチをとることとしている。指定
対象地ごとに自治体・土地所有者・保護区利用者などの代表によって組織
した運営委員会で方針書を策定し、方針書には指定地域の状況や社会的経
済的条件を考慮した管理目標、目標を達成するために必要な措置、財政的
支援措置などを書き込む。そのうえで、土地所有者と自治体などが方針書
に基づいた契約を結び、所有者は土地利用規制の受忍、環境に配慮した農
林業経営を行うなどの義務を負いつつ、一定の金銭的な補償措置を受ける
ことができる。

1,706 か所が指定され、国土の 12% を占めている。

地域自然公園：脆弱な生態系、または、豊かなあるいは危機に瀕した自然・
文化遺産を持つ地域を指定し、これらを保護・改善する計画のもとに管理
する仕組みである。上述の国立公園から Natura2000 までの保護区は基本
的には生態系保全のために土地利用に対する何らかの制限をかけるために
つくられた仕組みであるが、地域自然公園は自然・文化遺産を保全しつ
つ、地域の持続的な発展をめざすことを目的としている点で性格を異にし
ている。

地域自然公園の設立は、関係する州・自治体が関係者と協議のうえ、公園指定・管理の基本文書となる憲章の草案を策定し、パブリックコメント、自治体の承認を経て、フランス国務院[21]の布告によって公式に設立される。地域自然公園は自治体などの関係機関によって構成される連合管理委員会が管理する。ただし、委員会の役割は、地域自然公園の目的達成のために、関係する主体に働きかけを行い、各主体による活動の調整を行うこととされており、土地利用規制など公園管理を直接的に行っているわけではない。地域自然公園の仕組みには、土地利用規制は含まれていないが、憲章において配慮を求めるとした地域は、自治体が策定する土地利用計画の中で保護が必要なNゾーン[22]に区分することとしており、目標を達成するための土地利用規制は既存の土地利用計画制度に基づいて行われる。なお、地域自然公園と後述する森林憲章地域は重複する場合がある[23]。

　指定箇所は46か所、739万 ha に及び、国土の13%を占めている。

　以上が環境法典に基づく森林も含めた土地利用をコントロールする仕組みである。国立公園や自然保護区などが保護区の基本をなすほか、Natura2000 による保護区ネットワークを整えている点で他の欧州諸国と共通した仕組みを持っているが、Natura2000 保護区指定にみられるように契約的な手法を活用していることが特徴となっている。土地所有権の強さもあって自然保護区など土地利用規制のあり方について地域ごとに柔軟な運用がされていることも特徴として指摘できる。

土地利用計画制度

　次に、環境法典に関わるものではないが、地域自然公園のところで触れた土地利用計画制度も自然環境保全に関与しているので、簡単にみておこう。

　土地利用計画制度においては、コミューンが管轄区域内の土地利用計画を策定することとなっており、この中でゾーニングを伴う規制措置を講じることとしている。自然環境保全のためのゾーニングとして自然地域、保護樹林帯、自然・森林エリア（Nゾーン）を設定し、開発規制を行うことができる。このうち保護樹林帯は伐採許可制・皆伐禁止といった厳しい規制内容を

持っているが、その他のゾーニングは建築規制－市街化規制を主眼としており、林業行為などを規制の対象とするものではない。前述のように、地域自然公園については土地利用計画のゾーニング制度によって土地利用コンロールを行っている。

ZNIEFF の指定

　森林環境保全に関わる取り組みとして、生態学的に重要な動植物相を持つ自然地域（ZNIEFF）についてもみておこう。前述のように、ZNIEFF は1982 年に開始されたもので、自然史博物館が環境・エネルギー・持続的発展省の指揮のもと ZNIEFF の指定を行ってきた。ZNIEFF には二つの種類があり、タイプ1 は生物的生態的な価値が高い地域、タイプ2 は豊かで大きな改変を受けていない大面積の自然地域である。それぞれ森林面積の 14%、38% を占めている。

　ZNIEFF によって生態系保全上重要な地域を明らかにしたが、これ自身は規制力を持った仕組みではない。Natura2000 保護区域の指定などの根拠データとして活用されてきているほか、都市計画策定でゾーニングを行う際や保護区設定などを行う際には事前相談が必要としている。ZENIEFF そのものは森林施業を規制することはなく、国と契約を結ばない限りは、所有者は林業行為について縛られることはない。

森林法典によるコントロール：保安林制度

　次に森林法体系下の私有林に対する森林施業規制の状況についてみよう。保安林制度は、公益上保全が必要である森林を保安林として指定し、施業に対して規制をかけるものである。森林法典の条文によれば、山地地域の土壌保持・雪崩防止・水土による浸食防止のために必要な森林、大都市圏周辺に位置している森林、生態的観点または人々の福祉のために保護が要求されている地帯に存在する森林がその対象となる。

　どのような森林が保安林として指定されるのかについては、歴史的に大きな変化がある。当初は山地復旧事業の一環として指定が行われ、1959 年まではこの目的による指定が行われた。1982 年になるとマンシュ県で生態系

保全を目的とする指定が行われ、さらにその後指定は防砂・生態保全・都市近郊林保全にシフトしていき、都市近郊については 2002 ～ 2005 年にそれまでに例をみない 3 万 ha という大面積の指定がフォンテーヌブローの森を対象に行われた[24]。

保安林に指定されると、森林の維持保全に負の影響を及ぼす森林利用が禁止される。伐採については指定目的を妨げない範囲内での許可制となるほか、開墾や土石の採掘が禁止されるなど、規制を受ける。ただし、私有林所有者は収入の減少が証明できれば補償を要求することができ、所得が半分以上減額した場合には国家に買い取りを要求することができる[25]。

2007 年現在の保安林指定面積は国有林公有林も含めて 12 万 ha 弱であった。

森林法典によるコントロール：森林計画制度

次に、私有林の施業規制をめぐる制度体系をみておこう。フランスにおける施業コントロールの大きな特徴は、一定規模以上の森林所有者に森林計画の策定を義務付けるほか、それ以外の所有者も計画策定をするように誘導し、これらの計画をもとに経営することで適切な森林管理の達成を図ろうとしている点である。

私有林をめぐる森林行政組織と森林計画の体系を関係付けると、以下のようになっている[26]。

森林・林産物州委員会が「地域圏の森林の方向付け（Orientations Regionales Forestieres（ORF））」を策定する。これは州内の公的所有林・私有林も含めた森林政策の基本的戦略文書である。これをもとにして地域森林所有者センター（CRPF）が私有林における施業の枠組みを示す「私有林林業管理地域計画（Schema Regionaux de Gestion Sylvicoles（SRGS））」を策定し、農林大臣がこれを認定する。SRGS では、地域内の森林や林業の状況を述べたうえで、持続的生産目的の明確化、森林のタイプごとの望ましい森林施業のほか、狩猟・野生動物、景観、生態系保全などへの配慮などについても記載される。

一筆 25ha 以上の森林の所有者は、SRGS に基づいて簡易施業計画（Plan

Simple de Gestion（PSG））を策定する義務を負う。このほか、一筆 10 ～ 25ha の森林所有者も任意で策定可能のほか、何人かの所有者が集まって策定することもできる。簡易施業計画においては、所有林をめぐる社会・経済・環境に関する簡単な分析、過去の経営の評価、経営目標、場所別に年次伐採・施業プログラムを記載するほか、野生動物管理、保護対象種の状況等についても記載することが求められる。計画期間は 10 ～ 20 年を単位とする。計画は CRPF 理事会が認可し、認可の条件は SRGS への適合である。

　所有者は計画に従って施業を行うことを求められ、計画に記載した各年度の伐採は前後 5 年の範囲内であれば、許可なしに繰り上げ、または繰り下げての実行が可能である。それ以外で緊急の場合は事前届出、それ以外は許可制で変更が可能となっている。

　簡易施業計画が義務化されていない 25ha 以下の小規模所有者についても、任意で簡易施業計画が策定できるほか、以下のような計画の仕組みが設けられている。

　第 1 は、「管理の規則類型　Reglement-type de Gestion（RTG）」への同意である。RTG は、森林のタイプごとに、望ましい伐期齢や望ましい樹種のほか、求められる環境配慮、狩猟管理など、標準的な管理のルールを定めたものであり、SRGS に適合する形で策定することとされている。フォレスターや森林組合などによって作成され、CRPF が認定し、認定条件は SRGC への適合である。所有者は任意でこれに参加する。この仕組みに参加する所有者は、一般には当該森林組合の組合員やフォレスターの顧客などである。

　第 2 は、「良好な森林施業コード　Code des Bonnes Practiques Sylvicoles（CBPS）」への参加である。CRPF が管轄区域内の森林に関して、代表的な森林のタイプ・経営目標類型ごとに策定するのが CBPS であり、RTG と同様の内容をもっている。CBPS は知事が認定を行い、所有者は参加意思を表明することで 10 年間の期限で CBPS に参加することとなる。

　RTG・CBPS は 2001 年の森林法改正で新たにつくられた仕組みであり、それまで施業計画策定義務の対象となっていなかった小規模所有者が、専門家や森林所有者センターが作成した持続的な森林経営のガイドラインに参加するという形で計画制度に組み込むものであり、森林認証におけるグループ

認証に類似した仕組みといえる。

　なお、以上の計画に対する違反についての取り締まりを行うのは所有者セ
ンターではなく、県農林課である。所有者センターは行政組織ではなく、権
力的な業務を行うのは行政組織となっている。

　PSG、RTG、CBPS のいずれかの仕組みに参加している所有者は、持続的
な森林管理を行っていると認められることから、助成金を受ける権利と税制
上の優遇措置を受ける権利が与えられる[27]。助成金は再造林・林相転換・間
伐・林道など森林の経済的・社会的・生態的価値を増進させるための投資が
対象となっている。このように、所有者に対して施業計画を樹立、または地
域森林計画のスキームへの参加に誘導することで、持続的な森林管理を図ろ
うとしている。

　ただし、森林計画への参加の誘導は、有効に機能しているとはいえない。
表 9 は、計画への参加状況を示したものである。義務化されている 25ha 以
上の簡易施業計画樹立状況をみても、実際に計画を策定しているものは対象
面積の 8 割程度であり、制度が徹底されているとは言い難い状況にある。さ
らに、RTG・CPBS・自主的な PSG への参加については 2011 年度末で簡易
施業計策策定義務がかけられていない森林の約 4.4％をカバーしているに過
ぎない。

　全森林所有者に対して森林計画制度への参加の道が開かれ、また助成金・
税制の優遇措置を講じているにもかかわらず、森林計画制度によるカバー率
は低位にとどまっており、森林計画制度を通した持続的森林管理の確保は十
分機能しているとはいえず、特に PSG が義務化されていない森林について
はほとんど機能していない。

森林法典によるコントロール：その他の規制

　計画策定を行っていない私有林以外に対しては、一定以上の規模の伐採を
許可制としている。5 ha 以上の伐採のうち、高木の材積の過半を搬出する
ものについては伐採許可が必要であり、県農林課が審査を行い、知事が許可
を行う。この許可は、SRGS の規定内容に照らして行われる。

　このほか、厳格な規制が行われるのは転用規制であり、県知事が 0.5 ～ 4

表 9　森林計画制度への参加状況

		義務的 PSG 面積 (ha)	義務的 PSG 認定率	義務的 PSG 以外の認定 CBPS	RTG	自発的 PSG	面積 (ha)	認定率	施業計画合計 面積 (ha)	認定率
2003 年度実績	計画策定面積	2,487,030	73.06%	0	0	35,176	35,176	0.50%	2,522,206	24.24%
	計画対象面積	3,404,083					7,000,000		10,404,083	
2004 年度実績	計画策定面積	2,544,044	74.66%	463	0	41,242	41,705	0.60%	2,585,749	24.84%
	計画対象面積	3,407,639					7,000,000		10,407,639	
2005 年度実績	計画策定面積	2,597,675	75.79%	9,802	0	49,721	59,523	0.85%	2,657,198	25.48%
	計画対象面積	3,427,293					7,000,000		10,427,293	
2006 年度実績	計画策定面積	2,619,988	76.67%	41,897	428	55,098	97,423	1.39%	2,717,411	26.09%
	計画対象面積	3,417,436					7,000,000		10,417,436	
2007 年度実績	計画策定面積	2,668,995	78.3%	72,398	4,183	61,375	137,956	1.97%	2,806,951	26.95%
	計画対象面積	3,407,067					7,010,000		10,417,067	
2008 年度実績	計画策定面積	2,714,006	79.2%	98,726	8,131	68,165	175,022	2.49%	2,889,028	27.65%
	計画対象面積	3,427,181					7,020,000		10,447,181	
2009 年度実績	計画策定面積	2,721,337	79.2%	137,180	12,625	73,644	223,449	3.18%	2,944,786	28.14%
	計画対象面積	3,435,160					7,030,000		10,465,160	
2010 年度実績	計画策定面積	2,764,682	80.5%	163,344	18,901	81,737	263,982	3.75%	3,028,664	28.91%
	計画対象面積	3,435,983					7,040,000		10,475,983	
2011 年度実績	計画策定面積	2,760,946	80.8%	189,827	29,645	87,653	307,125	4.36%	3,068,071	29.31%
	計画対象面積	3,418,577					7,050,000		10,468,577	

資料：フランス農林省 web ページ

ha の間で転用許可最小限面積を決めることとしており、設定された面積以上の転用については知事の許可を必要としている。皆伐の最大面積も県条例で定めることができる。以上のように規制の内容について自治体が一定の権限を持つようになっているのは、地方分権化の結果である。

なお、2006 年の環境法典の改正によって河畔域に関する取り扱い規制が強化され、水流のある河川をトラクターなど重機によって横断することは原則禁止とされている[28]。

森林憲章

2001 の年森林法改正によってつくられた仕組みで特筆すべきは森林憲章であり、地方分権化と契約的手法の導入の文脈の中でつくられた。

森林憲章は、持続的な森林管理を私有林において具体化させることを目的としており、森林所有者が森林利用者団体などと協定を結び、これを順守することを条件に森林管理費用の一部を公的に負担する制度である。憲章の対象地域と内容をどのように設定するかは各地域に任されており、多様な関係者の参加や契約的手法に基づく森林の持続的管理の促進や、森林に関わる地域課題の解決に適した仕組みといえ、森林政策の柔軟化という意義を持つ[29]。

憲章の下で想定されている活動内容は社会・経済・環境の三つの分野であり、具体的には、次のうちいくつかを目的として設定することとしている[30]。
・森林の管理にあたって特定の環境や社会的な要請に応える。
・地域の雇用創出や発展に貢献する。
・産業の競争力を高める。
・森林所有者の技術的・経済的なグループ化を進める。
・地域とその資源の持続的な管理に貢献する。

また、森林憲章の実行プロセスは以下の 4 段階からなる。

調査・診断：地域の森林・経済などの調査を行いつつ地域課題を明らかにし、地域の持つ長所や短所を明らかにする。

協働による戦略的行動計画の策定：上記診断をもとにして、利害関係者との協議を経て計画を策定する。この協議には、課題を特定したワークショッ

第5章　フランス

プ、首長・議員との優先課題設定のための非公開協議、資金提供団体との協議などが含まれる。また、行動計画では、課題、ガイドライン、目標、行動、対象地域、責任主体、パートナー、既存の仕組みとの調整、想定される資金源、評価基準、達成期限を示すこととする。

戦略的行動計画の実行：計画期間は5年として利害関係者の協働で実行する。

更新：森林憲章の更新は、森林憲章全国ネットワークによる全般的評価をもとに行われる。

2013年までの森林憲章の策定状況をみると、133の地域で憲章の策定・実行に取り組んでおり、これら地域でカバーする森林面積は479万haと全森林面積の31%を占めており、関与するコミューンは6,000以上に上っている。133地域のうち、憲章準備中のところが17%、現在実行中のところは46%、更新作業中が11%、更新した憲章を実行しているところが9%、憲章を中止したところが17%となっている。推進主体をみると、コミューン連合が31%、ペイ[31]が32%、地域制自然公園が18%などとなっている。自主的な取り組みとはいえ、森林面積の3割以上を占める地域で森林憲章が取り組まれているほか、全体の2割が更新中・更新完了となっているなど、森林憲章は広がりと継続性を持って取り組まれているが、17%が中止に至っているなど問題が存在していることもうかがわれる。

さて、森林憲章の策定と実行に伴って、どの程度森林環境保全に関わる施業のコントロールが行われているのであろうか。これについての分析は十分行われていないが、戦略的行動計画の内容をみる限り、環境保全が大きな目標として設定されている地域はあるものの、具体的内容としては、森林にかかわる環境教育や、意識啓発、生態系に関する知識の深化や、景観保全のガイドラインの開発など、「入り口」部分にとどまっているところがほとんどである。多くの地域では、森林所有者の集約化や、産業振興、資源基盤強化、森林火災のリスクの低減など実利を伴う部分に力点を置く傾向がある。

森林憲章は、地域の多様な利害関係者の議論を通じて、地域の森林やそれを取り巻く社会経済のマスタープランを策定し、それを共有するという点で大きな成果を上げている。一方で、その政治的指導力や運営委員会の調整能

121

力の欠如などから実効性を確保できない、利害関係者が多様なため実行がますます困難になる、資金が十分確保できないなどの問題があり、実効性には大きな課題を抱えているとされている[32]。持続的森林の管理の確保まで踏み込んだ活動は、今後の課題として残されているのが現状である。

脚注

1 沼田善夫 (1999) フランスの森林・林業 (日本林業調査会編、諸外国の森林・林業—持続的な森林管理に向けた世界の取り組み) 97 〜 126 頁

2 前掲沼田善夫 (1999) 104 〜 108 頁

3 Tissot, W., Kohler, Y. (2013) Integration of Nature Protection in Forest Policy in France, European Forest Institute

4 大田伊久雄 (2005) フランス森林法典の改正と森林公社改革 (石井寛・神沼公三郎編著　ヨーロッパの森林管理　国を超えて・自立する地域へ、J-FIC)、227 〜 258 頁

5 フランスでは分野ごとに法律は法典 (code) という形でまとめられており、法律部分と政令部分が混在する形で編纂されている (諏訪実 (2001) フランス森林法の改正について、森林計画研究会会報396、20 〜 27 頁)

6 経緯は前掲大田伊久雄 (2005)、諏訪実 (2001) による。

7 前掲大田伊久雄 (2005)

8 前掲太田伊久雄 (2005)

9 前掲 Tissot ら (2013)

10 北欧を除く欧州諸国に見られ、伝統的な農山村景観を守りつつ地域の持続的な発展を図ろうとする地域性の自然公園。第2章第1節第3項を参照のこと。

11 前掲 Tissot ら (2013)

12 日本貿易振興会海外調査部 (2011) フランスの環境に対する市民意識と環境関連政策、JETRO、 20 頁

13 森林法典の内容に関する記述は主として前掲諏訪実 (2001)、大田伊久雄 (2005) による。

14 前掲諏訪実 (2001)

15 古井戸宏通 (2010) フランス (白石則彦監修、世界の林業　欧米諸国の私有

第 5 章　フランス

　　林経営、J-FIC）99 〜 156 頁

16　前掲古井戸宏通（2010）

17　前掲沼田善夫（1999）104 頁

18　前掲大田伊久雄（2005）248 〜 251 頁

19　Guiginier, A., Prieur, M.（2010）Legal Framework for Protected Area, IUCN-EPLP No.81

20　保護区の指定はフランス本土のほか海外領土についても行われているが、本項では本土以外の保護区は計上していない。

21　フランス政府の諮問機関であるとともに、行政訴訟における最高裁判所としての役割を持つ。

22　市町村が森林等の自然の保護のために指定した、市街化から保護される区域。

23　古井戸宏通、山本美穂（2012）フランスの地域自然公園（PNR）制度（畠山武道・土屋俊幸・八巻一成編著、イギリス国立公園の現状と未来、北海道大学図書刊行会）349 〜 350 頁

24　前掲古井戸宏通（2010）

25　土屋俊幸（1997）フランスの保全林制度（保安林制度百年史編集委員会編、保安林制度百年史、日本治山治水協会）472 〜 481 頁

26　以下の記載は主として前掲 Tissot ら（2013）、及び古井戸宏通（2010）による。

27　前掲古井戸宏通（2010）

28　前掲柿澤ら（2008）の大田伊久雄執筆部分

29　前掲大田伊久雄（2005）、諏訪実（2001）

30　Soto, I., Gouriveau, F., Plana, E., Anzar, M.（2014）Participatory Governance for the Multifunctional Management of Mediterranean Woodland Areas, Plan Bleu

31　コミューン間協力による農村振興の単位（山本美穂（2005）フランスの「テリトリーに関する森林憲章」（前掲石井寛・神沼公三郎編著）、259 〜 283 頁）。

32　前掲 Soto ら（2014）

第6章
アメリカ合衆国

本章ではアメリカ合衆国の森林管理政策の仕組みについてみていくが、これまでの章とは異なり、環境法体系も含めた分析は行わない。アメリカ合衆国は連邦制をとっており、州ごとに環境行政や森林行政に関わる法制度が大きく異なり、また、連邦法制度の位置付けも異なっているため、その全体像を把握することは困難で、記述も複雑となる。このため、森林担当部局による森林管理政策に絞って、各州政府による法制度・政策や政策手法の展開を対比しつつ示すこととする。特徴的な州の事例を紹介しながら、各州が置かれた異なる自然・経済・社会的条件の中で、どのように森林管理政策の仕組みをつくり、実行してきたのかを述べ、その多様な制度・政策手法を紹介することとしたい。

第1節　森林管理政策の概要

森林管理政策の全体像

　アメリカ合衆国は連邦制をとっており、自然資源管理に関わる制度政策形成の権限は、基本的に州政府がもっている[1]。また、州によって森林資源の状況、これを取り巻く政治・社会・経済的な状況は多様である。このため、森林に関わる制度・政策の内容や行政組織は州によって大きく異なっている。州ごとに異なる森林施業のコントロールの制度について、包括的な分析を行ったものはほとんどなく、エルフソン（Ellefson）らが行ったサーベイ[2]がほぼ唯一のものである。本項ではこのサーベイに依拠しつつ、各州の資料を用いながら森林管理政策の概要を述べる。

　アメリカ合衆国の州ごとの森林管理政策の仕組みは、独自の厳しい森林施業規制の仕組みを構築している州と、連邦の環境保護法に依拠した施業規制の仕組みを構築している州に大きく分けられる。

　前者に区分されるのはカリフォルニア・オレゴン・ワシントンの西部三州などであり、流域保全や絶滅危惧種・原生的森林の保護など森林環境保全に関わる課題が社会的な関心を集め、環境保護運動の圧力が高い中で、独自に厳しい森林施業規制の仕組みを体系化している。

126

後者は上記以外の州であり、その多くは連邦政府が制定した水質浄化法の規定をもとにして森林施業のコントロールを行っている。連邦水質浄化法は森林施業による面源汚染[3]についても対象としているため、すべての州が森林施業による面源汚染を回避するための何らかの政策導入を迫られた。連邦水質浄化法は州政府の面源汚染への対処方法に幅広い裁量権を認めており、その対応の仕方は州によって異なる。メイン州などニューイングランド地域では、森林への開発圧力が高く、タウンシップ[4]による総合的な土地利用計画の伝統があるため、水質浄化法を中心にしつつ、独自の規制制度を展開させているところが多い。

　このほか州の森林管理政策に影響を与えている法制度として絶滅危惧種法があるが、大きな影響を与えているのはニシアメリカフクロウ（Spotted Owl）やサケ科魚類の保護などが課題になっている西部諸州に限定される。

　いずれにせよ、森林施業のコントロールは基本的に州の権限ではあるが、強力な連邦環境保護法の大きな影響のもとに州の政策が展開されているということを踏まえておく必要がある。

　以下、節をかえて連邦水質浄化法を基本として施業コントロールを行っている州と、独自の施業コントロールを行っている州それぞれについて実態をみていくこととするが、その前に連邦水質浄化法の内容と森林管理政策の関わりについてみておく。

連邦水質浄化法と森林施業

　連邦水質浄化法（Clean Water Act）は、1972 年に制定された水質保全の基本的法律であり、国内の水の化学的・物理的・生物的に良好な状態を維持・修復することを目的としている。この法律の下で、各州は用途別（漁獲、水供給、航行など）に内水面を区分し、それぞれ環境水質基準を定め、その基準を達成するための州実行計画を樹立して実行する。また、点源汚染、面源汚染それぞれについて汚染の防止に関する規定が置かれ、点源汚染については「全国汚染排出削減システム」のもとで許可なくして排出することが禁止されている。伐採活動や林道作設などによって土砂が河川に流入するなど、森林施業は面源汚染行為の一つであり、面源汚染対策と森林施業の

コントロールが密接に関わってくる。面源汚染に関わる規定について、少し詳しくみていこう。

面源汚染の態様は地域・場所によって多様であり、複雑であるため、面源汚染対策については州政府が行うこととし、各州政府は面源汚染の問題を特定し、面源汚染をコントロールする対策をできる限り行うと規定している（208条）。

河川・湿地への土砂の排出・浚渫については陸軍工兵隊[5]の許可を必要とすると規定しているが（404条）、農林業の活動によるもの（例えば林道作設に伴う土砂の河川への流入）は、一定の条件を満たしている限り許可は必要としないこととした。ここで規定されている条件とは、州などが制定したBest Management Practice（BMP、環境負荷を抑えるための最適な管理ガイドライン、森林でいえば、環境負荷低減のための森林施業ガイドライン）を遵守することなどである。

法制定以降、水質汚染が十分改善されていないことを受けて、1987年に汚染源規制強化などの改正を行ったが、この中で州政府が策定すべき対策プログラムの内容について規定するとともに、面源汚染をコントロールするための連邦財政支出を行う仕組みを設けた[6]。州政府がこの資金を得るためには、以下のレポート・計画を作成し、実行しなければならない。

面源汚染の状況に関するアセスメントレポートの作成：このレポートには以下の4項目の記載が求められる：1）面源汚染コントロールに関する追加的な行動がないと、州の定める水質基準を達成できない遡行可能な河川、2）州の水質基準を達成できない原因となっている面源汚染の内容、3）政府間協力・市民参加を含めて面源汚染をできうる限りコントロールするためのBMPを策定するプロセス、4）問題となっている面源汚染をコントロールするための州・地域プログラム。

上記レポートで設定された課題を解決するため管理計画の作成：この計画には以下の5項目の記載が求められる：1）BMPと面源汚染削減の手段の明確化、2）BMPを実行させるためのプログラム（規制・財政支援・指導普及・技術移転・デモンストレーション等）、3）プログラムとBMP実行に関わる年次スケジュール、4）州の法律が管理計画を実行するうえ

で十分な権限をもつようにすること、5）連邦およびその他財政源の確保。

以上を受けて、各州では森林施業に関して面源汚染の低減・404条の農林業への適用回避を目的として、BMPの作成を行うとともに、連邦助成金を獲得するためのアセスメントレポートや管理計画を策定してきており[7]、これによって森林施業規制制度の基本を形成している州が多い。

第2節　連邦水質浄化法と州森林管理政策

連邦水質浄化法を基本とした森林施業のコントロールは、州によって多様であるが、大きく区分して三つの手法がある。

第1はもっとも「緩い」タイプで、州政府としてBMPを策定するが、その実行は基本的には普及指導などを通して自主的に行うことを期待するものである。

第2のタイプは州政府がBMPを策定したうえで、BMPを遵守して施業を行う能力を持った主体を認定し、認定されたもののみが施業を実行できることとし、BMPの実行を担保するものである。

第3のタイプは水質保全を中心としながらも、より広範な環境対応を含んだ森林管理政策を展開し、負荷が大きい施業については公的な規制を含むコントロールのもとに置くものである。

以下それぞれのタイプについて代表的な州の事例を掲げながらその特徴を見てみよう。

第1項　公的関与は普及指導などに限定する州

南部諸州では水質規制の法体系は持っているものの、森林施業のコントロールに関わって具体的な施業規制や、伐採業者などの認定の仕組みは持っていない。森林行政ではBMPの策定とその実施促進のみを行っている。南部諸州は社会的政治的に保守的であり、連邦政府に対する独立意識が強い。こ

129

うしたことから、環境保護政策に対して積極的ではなく、財産権の保護意識も強く、連邦法である水質浄化法の規定をもとにした規制法制度の展開をしなかったと考えられる。

アラバマ州における BMP 策定とその実効性確保

アラバマ州ではアラバマ州環境管理部が連邦水質浄化法およびアラバマ州水質汚染管理法などに関わる水質保護を所管しており、森林施業に伴う土砂や残材、薬剤などの流入による面源汚染のコントロールを行っている。環境管理部は汚染された河川の浄化を行う権限も持っているが、自発的に予防的な措置をとることが浄化を行うよりも費用効率が高く、実際的であるとしている。面源汚染を回避する自発的・予防的措置としては、森林施業の実行者に森林施業に関わる BMP（Alabama's Best Management Practices for Forestry、以下アラバマ森林 BMP）の順守を求めている。

アラバマ森林 BMP を作成・改訂しているのは州知事が任命する 7 名の委員によって構成されるアラバマ州森林委員会である。森林委員会は 1924 年に設立され、以下の三つを任務としている。第 1 に森林を火災や病虫害などから保護する、第 2 に森林所有者が自らの、そして社会の便益となるように所有森林を適切に管理できるように専門的な支援を行う、第 3 に一般市民に森林の経済的・環境的な重要性を教育することである。森林委員会は環境規制的な業務は行っておらず、アラバマ森林 BMP の内容の適切性を維持しつつ、それを遵守して水質が保全できるように支援を行っている。

アラバマ森林 BMP の内容を簡単にまとめると、以下のようになる[8]。

河畔域管理ゾーン（SMZ、streamside management zone）：最低でも河岸から 35 フィート（11 m）を SMZ とする。伐採は択伐のみで、5 割の樹冠率を維持する。残材などの河川への投下や施肥は禁止、除草剤は使用法を遵守して使用することを求めている。

河川の横断：河川を横断する際には、河川と SMZ への影響が最も少ないところを選択するとしたうえで、洗い越し、カルバート埋め込み、架橋のそれぞれについて作設の基準を示している。

林道作設：河川への土砂流入を抑える路網配置の計画、適切な排水施設の配

置、急勾配の回避、適切な維持作業を行うことなどを規定している。

伐採作業：作業道・土場は土砂などが河川に流入しないように設置し、作業終了後は土砂を安定化させる措置をとる。伐倒・集材は土壌の攪乱をできるだけ抑制するように行う。影響が少ない方法として短幹集材（cut to length、林内で伐採木を一定の長さに伐って集材する方法）を推奨している。

更新：地拵えにあたっては、土壌の攪乱を最小限にすることとし、土砂の流出を抑制する措置を傾斜度ごとに示している。

周囲に森林がある湿地の保全：湿地あるいは関連する水域に SMZ を設定する。林道などの水域横断にあたっては、「河川の横断」の規定にさらにプラスして魚類の移動を妨げない、希少種やその生息域に影響を与えないことを求めている。このほか、湿地周辺の森林の取り扱いについては特段の配慮を要求している。

作業道・土場の植生回復：土砂を安定させるために、使用後の作業道や土場の植生回復が必要とされる場合に、確実に植生を回復させ土砂の安定化を図る手法を提示している。

　以上のように森林施業による水質への影響を防ぐための措置が包括的に提示されているが、必ずしも森林施業に対して過大な負担をかける内容になっているわけではない。

　前述のように、アラバマ森林 BMP はあくまでも非規制的なガイドラインである。環境管理部の現場スタッフが協力して、施業実行者に対して指導普及を行うほか、実行状況の評価を行ったり、市民からの苦情に対処するといった形でアラバマ森林 BMP 遵守を確保しようとしている。また、環境管理部現場スタッフが独自に施業の査察を行い、必要があれば是正を指導している。このようにアラバマ州においては、森林施業に関して BMP を設定したうえで、普及教育や査察によってその実効性を確保しようとしているのである。

　では、BMP の遵守状況はどうなっているのであろうか。森林委員会は2012 ～ 2013 年に 258 か所の伐採跡地をモニタリングしたが、BMP の遵守率は伐採で 97.1 ％、林道で 93.1 ％、SMZ 保全で 98.4 ％などとなっており、

BMPに違反し水質に大きなリスクがあると判断された施業は2か所のみであった[9]。規制力をもたないBMPであるが、現場レベルではほぼ順守されて施業が行われている。

なお、アラバマ州の自然環境保全は、アラバマ州保全・自然資源部が担当しており、州立公園管理のほか、狩猟・釣りなども含めた野生動物管理などを行っている。規制的な政策は基本的には持っておらず、連邦助成金を活用した生息域修復や、土地所有者や一般市民などを対象とした保全の重要性の教育や技術的な支援などで政策目標を達成しようとしている。保全・自然資源管理部の活動の力点は、狩猟や釣りのライセンス発行・管理や州立公園のレクリエーション利用の提供に置かれており、保全というよりは州民へのアウトドアレクリエーション機会の提供が中心的な課題となっている。

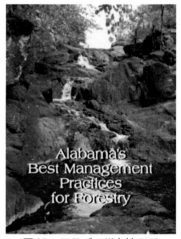

図22　アラバマ州森林BMP
図や写真を多用し誰でもわかりやすく内容を説明している

テネシー州のBMP

南部諸州のうち、テネシー州の現状についても簡単にみておきたい。テネシー州においては、テネシー州環境保全部が連邦水質浄化法及びテネシー州水質管理法のもとで水質保全政策を所管している。テネシー州においても、BMPを遵守して行う森林施業については、環境保全部が水質保全に関わる許可制度などの適用除外としているが、これは環境保全部と林業を所管する農務部が1995年に結んだ覚書に基づいている。この覚書は「森林施業・農業生産活動に関わる効果的な水質保全のための協力的・包括的かつ効率的なプログラムを確立する」ことを目的としており、農務部の役割は、森林に関わるBMPの策定・導入・維持に関わる技術的・財政的な支援を行い、BMPの効果を検証することであり、環境保全部の基本的な役割は、テネシー州水質管理法を実施することとされている。水質規制の主体は環境保護部局であ

り、農務部は普及指導などを通して BMP を積極的に実行して水質保全に貢献しつつ、許可制の適用を回避することを覚書で明示している。

テネシー州の森林に関わる BMP はアラバマ州の森林 BMP が規定している範囲や内容とほぼ同様であるが、テネシー州の場合は SMZ の幅や排水路の設置方法についてより詳細に数値的に規定している[10]。

テネシー州においても、BMP の遵守率は高い。農務部が 2010 年に行ったモニタリング結果では、全体として 88.9% が BMP の基準を満たしており、カテゴリー別でもほとんどが 85% 以上の達成率となっていた。ただし、湿地保全については 70.4% と低く、調査した 18 件のうち水質への大きな影響が懸念されるものが 10 件に上っていた。

BMP 遵守率が高い要因

南部諸州の代表としてアラバマ州およびテネシー州の例をみてきたが、いずれも BMP を作成したうえで、その自発的な遵守を求めており、実行確保にあたっては規制的な手法はとらず、教育・普及・啓発によって確保を期待している。森林施業者の自発性に期待をする「緩い」仕組みであるにもかかわらず、モニタリング結果をみると両州ともに高い遵守率を示していた。アラバマ州・テネシー州以外の南部諸州においても、両州とほぼ同様な BMP の自発的遵守による水質保全を達成しようとしているが、いずれの州もおおむね 85% を超える高い遵守率を示している[11]。

このように自発性に期待をする仕組みでありながら高い遵守率を示す要因については、以下の点が考えられる。

第 1 に、アラバマ森林 BMP のところで述べたように、BMP 自身が施業にあまり厳しい制限をかけるものとなっておらず、コスト面や作業面から大きな負担にならないことがあげられる。また、BMP の内容が具体的かつ明確であり、森林施業を行う上ですべきこと、してはいけないことがはっきりしているため、事業体にとって取り組みやすく、チェックを行いやすいことも挙げられる。

第 2 に、各州の森林行政機関による普及啓発活動など、所有者や施業行為者に対する普及教育の成果が表れていることが指摘できる。また、遵守状況

についてモニタリングを行うことは、BMP 実行上の課題を明確化させて対策を講じやすくするとともに、施業の実施者に状況を認識してもらい自覚を高めるという効果を持っている。モニタリングに関しては、州ごとに取り組んでいるだけではなく、南部 12 州でモニタリング手法の共同開発を行うなど、BMP の実行状況についてできるだけ正確に把握しようとしている。このように BMP への適合性について施業の実態を把握することで、BMP 遵守対策の基本としつつ、自主的な BMP 遵守の取り組みの信頼性を確保していることは重要である。

　第 3 に、BMP を順守することで、法的規制・許可制の枠外にとどまることができるという「見えない」強制力が働いている。連邦水質浄化法や関連する州法による許可制などの規制的手法の適用を回避するためには BMP を遵守しなければならず、森林・林業関係者にとってプレッシャーと認識されているとみることができる。連邦法・州法による規制があっての自発的遵守といえよう。

第 2 項　事業体などの認定制度をもっている州

　連邦水質浄化法への対応の第 2 のタイプは、BMP を策定するだけではなく、その実効性を確保するために、フォレスターや伐採作業を実行する事業体・労働者に認定制度を導入している州である。代表的な事例としてコネチカット州を取り上げ、このほかマサチューセッツ州とウエストバージニア州についても言及したい。コネチカット州はニューイングランド地方に属し、タウンシップによる自治の伝統があり、水質保全や森林施業のコントロールにあたってもタウンシップが重要な役割を果たしている。

コネチカット州の森林管理政策の概要

　はじめに、コネチカット州における森林施業のコントロールの全体像を示しておこう。連邦水質浄化法およびコネチカット州内陸湿地水路法（The Inland Wetlands and Watercourses Act）が湿地や河川などの保全や水質保全を規定しており、河川・水質に影響を与える森林施業のコントロールの規

定も含まれる。所管するのはコネチカット州エネルギー・環境保護部である。具体的なコントロールは、森林施業を計画及び実行するフォレスターや素材生産業者に対する認定システムによって行っており、森林に関するBMPを理解し遵守する者を認定することでその実効性を確保しようとしている。また、施業コントロールに関わるルール設定や実施についてはタウンシップにも権限を与えていることが特徴となっている。

湿地や河川保全の法制度

コネチカット州は、1972年に内陸湿地水路法を制定した。州政府は早くから開発による湿地や自然水路[12]の消失に懸念を抱いており、連邦水質浄化法が制定されたのと同じ年に、連邦水質法の州での具体的適用を進めるとともに湿地や水路の包括的な保全をめざした立法を行ったのである。連邦水質浄化法が水質に焦点を当てていたのに対して、本法は湿地や水路が「重要かつ影響を受けやすい自然資源であり、水循環・防災・自然環境の上で重要な役割を果たしている」としたうえで、「州民の福祉のために経済発展とのバランスを考えつつ保護する必要がある」（822a-36条）として、湿地・水路の包括的な保全を進めようとしているところに特徴がある。ただし、連邦水質浄化法と同様に、内陸湿地水路法についても通常の森林施業及び関連行為については適用除外としており、その代替措置としてBMPの策定とその遵守を求めている。

内陸湿地水路法のもう一つの特徴は、タウンシップに法執行の権限を委ねようとしていることである。各タウンシップは本法の下で湿地水路保全の業務を行う「内陸湿地局（Inland Wetland Agency）」を設置でき、湿地・水路保護のための独自の規則を制定することもできる。この規定をもとに、1980年代までに多くのタウンシップが内陸湿地局を設置して法の執行を担うこととなった。さらに1987年に法改正を行い、すべてのタウンシップが内陸湿地局を設置して法執行を行うことを強く促した結果、すべてのタウンシップが内陸湿地局を設置した。

なお、タウンシップに内陸湿地局を設置するにあたっては、局職員のうち最低一人は州エネルギー・環境保護部長が定める教育プログラムを受講する

こととし、専門性の確保を図っている。

森林管理政策の仕組み

　次にコネチカット州における森林施業のコントロールの仕組みについてみよう。コネチカット州では森林施業法とそれに付随するフォレスター等の認定の仕組みが整備されており、所管はエネルギー・環境保護部である。森林施業法では、州の森林施策の方向性についての検討を行う「森林施業審議会」（Forest Practices Advisory Board）」の設置、森林施業実行者の認証とその活動報告義務、タウンシップにおける施業規則制定権限などについて規定している[13]。

　森林施業法は、エネルギー・環境保護部の部長に対して、森林の病虫害・火災からの保護、希少種の保護と回復、土地生産性や景観に配慮した伐採作業などに関わる施業規則を定める権限を与えているが、実際にはこれら具体的な施業規則は定められておらず、施業をコントロールするために機能しているのは森林施業実行者に対する認定制度である。森林施業法では、州政府の認定を受けた森林施業実行者以外は経済的森林施業[14]に関する助言・宣伝・勧誘・契約・実行を行ってはならないとしている。認定森林施業実行者の種類には、フォレスター、素材生産業監督者、素材生産業者の３種類があり、その行える業務は表10のとおりであり、それぞれの資格ごとにできる業務・できない業務が明確に示されている。

　認定に際してエネルギー・環境保護部長は、以下の能力を確認することとしている。

フォレスター：適切な林業技術を持ち、伐採に伴う生態系・環境への影響を把握し、環境への影響を最小限にすることができる。

素材生産監督者：素材生産の監督および実行に通常使用される技術を持ち、手続きの知識を持ち、安全かつ環境に責任を持った機械操作ができ、環境への影響を最小限にできる。

素材生産業者：素材生産において通常使用される技術を持ち、手続きの知識を持ち、安全かつ環境に責任を持った機械の操作ができる。

　以上のように一般的な技術とともに、伐採にあたって環境負荷を低減する

表 10　森林施業実行者の資格ごとの可能な業務

	森林施業・経営計画の策定	素材生産業を監督する	選木を行う	伐採作業を行う	認定されていない作業員を二人まで監督する	森林所有者を代理して需要者と木材販売契約を結ぶ	森林所有者から立木を購入する
フォレスター	○	○	○	○	−	○	○
素材生産監督者	×	○	○	○	−	×	○
素材生産業者	×	×	×	×	○	×	×

ための技術を習得していることが求められており、環境配慮を前面に打ち出した認定制度となっている。

　エネルギー・環境保護部長は認定者に対して、年1回活動状況の報告を求めるとともに、2年に1回の継続教育への参加を義務付け、活動状況のモニタリングと認定者の技術水準の確保を行っている。法令に違反した場合には資格の停止・取り消しなどの措置をとることができる。

　このように、州が求める施業の水準の確保を、規則によって行うのではなく、施業を計画・実行する者の資格制度を通して行おうとしていることが特徴となっている。

森林に関する BMP

　コネチカット州においては、「林産物を収穫しつつ水質を保全する BMP」を作成している[15]。この BMP は、連邦水質保浄化法と州内陸湿地水路保全法の双方に対応するものとなっており、作業計画の作成、土場の作設、施業の際の河川の横断、林道・作業道の作設、春季に季節的にできる池の保全、浸食防止手法、収穫後の後始末、危険物（燃料・潤滑油）の保管、森林伐採契約のそれぞれについてガイドラインを策定している。先にみたアラバマ森林 BMP と重なる部分が多いので、違いを中心にみていこう。

　まず、作業計画の作成が BMP の項目にあがっており、この中で河川への土砂の流入を避けるために、土場や林道・作業道の作設の仕方・配置に配慮するとともに、魚類の孵化の妨げにならないよう水量の少ない時期には河川の横断を避けることとしている。伐採予定地調査にあたっては、希少種の生

息や野生生物の生息に重要な役割を果たしている樹木を特定し、これらへの配慮を計画に含めることも求めている。このほか、春季に季節的に現われる池・湿地が両生類等の生息に重要な役割を果たすことから、重機の乗り入れや、伐倒木や枝条の投入を禁止している。森林伐採契約についても項目立てしており、私有林所有者は素材生産業者と木材販売契約を書面で締結することとし、契約は所有者を代理する弁護士が起案または認可しなければならないとした。また、契約にはBMPの実行とそれに責任を負う者の名前を明記することを求めるとともに、BMPの実行確保のために契約履行保証を契約に含めることを推奨している。

　コネチカット州の森林に関わるBMPは、単に水質だけではなく、両生類などの重要な生息場所となる春季の季節的な池の保全を含めたり、伐採対象地での希少種への配慮を要請するなど、幅広く環境保全を含んだ内容になっている。また、所有者が木材販売を行う際に文書による契約を行うこととし、その中にBMPの実行確保を含めることで、さらに実効性を高めようとしている。

　このように、コネチカット州では森林施業において守るべき方法をBMPで明示したうえで、森林施業計画の策定者、伐採作業監督・実行者を認定制とし、これら認定者がBMPに則って伐採を行うことで、環境保全に配慮した施業の実施を確保しようとしている[16]。

　この手法のメリットとしては、第1に規制措置を所有者に対してかけないので、施業規制の導入に際して所有者の抵抗を回避できることがあげられる。第2に、現場の状況に応じて環境への最大限負荷が少なくかつ所有者への負担が少ない手法を臨機応変にとれる可能性がある。環境に配慮した施業に関しては、個別的な行為の禁止のみで対応できるものではなく、伐採であれば作業道の作設から伐採後の後始末まで全過程を通じて総合的に判断して実行することが必要であり、また多様な自然環境や森林の状況、所有者の意向に合わせた対応も必要となる。こうした点で、認定された施業者が専門的な知識をもとに総合的に判断しながらBMPの確保を行うことでメリットを発揮できる可能性がある。

　一方で、こうした仕組みを機能させるためには、認定者の技術力の確保、

認定者による BMP の遵守が必要となる。このためコネチカット州において
は認定の資格試験、継続教育の義務付け、年次レポートの提出の義務付けを
行って、認定者の技術力確保とモニタリングを行っている。また、BMP の
策定・改訂にあたっては専門家が具体的なデータをもとに関与し、科学的根
拠に基づいて施業方法を明示している。

ウエストバージニア州とマサチューセッツ州

　コネチカット州のほかにも、BMP 及び資格認定制度によって施業コント
ロールを行っている州がある。簡単に他の州についても紹介しておこう。
　ウエストバージニア州は、1992 年に伐採土砂管理法（Logging Sediment
Control Act）を制定し、これをもとにした施業のコントロールを行ってい
る。この法律も手続きを定めているのみで、具体的な森林施業の規制につい
ての規定は置いていない。この法律では、伐採・立木購入・木材販売を行う
伐採事業体は州森林局の認定を必要とすることとし、認定された伐採事業体
は州政府が定めた水質保全のための BMP に従って作業を行うことにより環
境の質を保護しなければならないとしている。事業体の認定は、立木伐採安
全衛生・装備および BMP に関する教育コースを修了した者に対して行い、
伐採作業員は認定伐採事業体の監督のもとに作業を行わなければならない。
監督内容には、BMP の遵守も含まれる。事業体は、伐採作業を行う 3 日前
までに州森林局に届け出ることが義務付けられ、州森林局は必要な場合に作
業の差し止め・是正ができる。認定事業体が 2 年間に 2 回以上の違反を行っ
た場合は認定を剥奪される。
　同じくニューイングランド地方に属するマサチューセッツ州においても、
森林施業法は森林施業の手続きを規定しているのみである。施業方法の規制
に直接関係するのは州湿地法であり、連邦水質浄化法と並んで内水面・湿地
や水資源や水圏生態系に影響を与える行為を規制している。影響を与える行
為については通常許可制となっているが、BMP を順守して施業を行う限り
において許可は不要とされる。
　所有者は施業実行の 10 日前までに、伐採計画の届出を行うことが義務付
けられ、その中には BMP をどのように組み込んでいるのかを示すことが求

められている。州政府はこの届出を審査して、問題がなければ認め、問題が
あるときは差し止めができる。伐採作業を行うときには許可を得た伐採計画
書を現地で示し、州政府の認定を受けた伐採業者が作業に当たらなければな
らないとしている。また、伐採届はほとんどの場合、州認定フォレスター、
州認定伐採業者が所有者と契約を結んだうえで伐採計画を策定し、提出して
いる。施業実行者の認定制と伐採届出制を組み合わせることでBMPの実効
性を確保している。

第3項　水質保全のための施業規則化を行っている州

メイン州の森林施業

　水質保全に関わって、詳細なルールを法令で明確に定め、その実行を求め
ている州もある。メイン州では、森林施業法において、河畔域保護、冷水性
魚類の生息域改善、皆伐・更新に関する規則を設けることとし、届出制によ
る施業規制を行っている。ここでは、河畔域と皆伐・更新に関する規則につ
いてみておこう。

　河畔域保護に関しては、「河畔域における森林伐採等に関する全州基準」
を1999年に定めており、河畔域に関する一般的配慮規定のほか、林地残材
の氾濫域での放置の禁止、河畔域より一定範囲内における森林伐採の規制、
伐採・集材機械の河川横断の禁止、集材路を水流から一定以上離すこと、林
道作設にあたっての水系への配慮を行うこと等を詳細に定めている。

　河畔域の伐採について、少し詳しくみてみよう。流域面積が50平方マイ
ルをこえた地点より下流の河川では両岸250フィート（76m）の範囲で、そ
の上流では75（23m）フィートの範囲で、伐採後に一定以上の樹木が均等
に残存するように規制している。具体的には、以下の選択肢のいずれかを選
択することとしている

選択肢1：1エーカー（0.4ha）あたり蓄積の40％以下で伐採を行う。残置
　　木が均等に分布していることとし、高水域より75フィートの範囲内では
　　皆伐域をつくってはならない。
選択肢2：1エーカーあたり60立方フィート以上の立木を残す。残置木が

均等に分布していることとし、また高水域より75フィートの範囲内では皆伐域をつくってはならない。

選択肢3：認定フォレスター・認定野生生物専門家のサインを得て所有者が提出して林務当局の認可を受けたもので、選択肢2・3と同等またはそれ以上の保護効果を持つ施業方法。選択肢3はアウトカムベースと称しており、方法を縛るのではなく、効果で判断する。

皆伐・更新に関する規則は、「森林更新及び皆伐に関する基準」として1989年に策定された。皆伐に関しては250エーカー（100ha）以上の皆伐は禁止としたうえで、以下のように皆伐面積ごとに規制内容と手続きを定めている。

規模の小さいカテゴリーⅠ皆伐（5～20エーカー）では、他の皆伐地と250フィート以上離すという簡易な規制内容となっている。これに対して、カテゴリーⅡ皆伐（20～75エーカー）、カテゴリーⅢ皆伐（75～250エーカー）については、環境保全を確保するために詳細な規定を置いている。両カテゴリーともに、伐採計画の策定にあたっては、土壌侵食および河畔域保護・河川への土砂流入を最小限とするためのアセスメントなどを求め、他の皆伐地と250フィート以上離し、分離林帯は皆伐面積と同等かそれより大きくすることを求めている。また、皆伐が野生生物の生息に大きな影響を与えないとの認定フォレスター、または野生生物専門家の認証を必要とし、伐採計画には認定フォレスターのサインがなければならないとしている。いずれのカテゴリーの皆伐についても、更新は5年以内に完了すべきとし、更新の基準も明記している。

前述のコネチカット州と同様に、タウンシップは州政府と協議の上、独自の施業ルールを設定することができる。州森林局は独自施業ルールを持ったタウンシップの管轄地域内に関わる伐採届出を受理した場合、当該タウンシップにもこの届出を連絡することとなっており、タウンシップはルールに照らして届出に対する判断を州政府とは別個に下す。

第3節　独自の森林管理政策の仕組みを展開している州

　アメリカ合衆国は財産権保護が強く、一般に森林施業への規制など強いコントロールを行うことは困難である。こうした中、多くの州は、これまでみてきたように連邦水質浄化法という「外圧」にこたえる形で、BMP の自主的な遵守の働きかけや、伐採事業体の認定制度を通した BMP の確保など、教育普及や資格を通じた「間接的」な手法によって施業のコントロールを行っている。

　これに対して、西海岸諸州などでは環境保護運動や先住民の自然資源に関わる権利運動の力が強く、施業の直接的規制を含んだ強い森林管理政策の仕組みを形成している。ここでは、全米で最も包括的で規制力の強い森林管理政策の仕組みを構築しているカリフォルニア州とワシントン州を取り上げる。

第1項　カリフォルニア州における森林管理政策

森林管理政策の展開と概要

　カリフォルニア州は、アメリカ合衆国の州の中で最も包括的で厳しい規制を持った森林法体系を持っているが、こうした体系が構築された背景には環境保護運動の圧力があった。森林管理政策の展開過程を、社会動向と合わせてみてみよう[17]。

　カリフォルニア州では森林施業法が 1945 年に制定された。これは連邦政府による森林施業への介入を恐れる林産業界の意向を受けて制定されたものであり、木材資源の持続性を確保することを主たる目的とし、環境保護に関する規定は含まれていなかった。また、森林施業法を運用する森林理事会は、主として林産業界の代表から構成されており、林産業界のための法制度となっていた。

　1950 年代になると、活発な伐採によってレッドウッド（redwood）林の消失が懸念されるようになった。1950 年代半ばにはフンボルト・レッドウッ

142

ド州立公園の流域でレッドウッド林の大規模な伐採が進み、これが原因とみられる洪水によってレッドウッドの保護林に大きな被害を与えた。こうしたことから、シエラクラブが中心となってレッドウッド林をはじめとした森林保全を進めるための活発な活動を開始した。一方、州議会土地・海岸浸食委員会は、1957年に森林伐採が流域生態系や魚類の生息域の劣化の最大要因の一つであることを指摘し、州議会自然資源委員会は、1961年に森林施業法は水・魚・レクリエーションなどの保全を達成できていないと指摘した。

　こうした中で、渓流や遡河性魚類の保護を組みこんだ森林施業法改正が試みられたが、林産業界をバックとした森林理事会に阻止されてきた。しかし、1960年代後半になると、林業・林産業に基盤を置いた地方の代表が州議会で優位性を喪失し、議会の中でも施業規制の検討が真剣に議論されるようになり、施業法の改正案が作成された。この改正案は、森林理事会の市民メンバーの拡大、法目的に木材生産以外の価値の組み込み、土壌浸食のコントロールと渓流保護などを規定していたが、州議会で成立しなかった。

　この状況に対して、大きな変化を生じさせたのは訴訟であった。サンマテオ・カウンティでは、カウンティ内の森林伐採に対して許可制をとっていたが、ベイサイド木材会社（Bayside Timber Company）が計画したレッドウッド林の伐採についてカウンティ政府は景観保全と土砂管理上の理由から不許可とした。これは、伐採計画に対するカウンティ住民の強い反対・異議申し立て運動に後押しされてなされた決定であった。伐採計画はすでに州の森林理事会から森林施業法に基づく許可を得ていたため、ベイサイド木材会社はカウンティ政府の決定は無効だとしてカウンティ政府を相手取って訴訟を起こしたが、1970年に州裁判所は、州森林施業法は、施業規則制定に関して林産業界に対して不適正に権限を委譲しており、連邦憲法および州憲法に反しており違憲であるとの判断を下し、カウンティ政府が勝訴した[18]。この一連の過程において、シエラクラブなど州内の環境保護団体が、カウンティ住民を支援した。このように州民や環境保護団体の運動と訴訟によって、森林施業法の抜本改正への道が開かれたのである。

　以上を受けて、州議会では森林施業法の抜本改正の作業に着手し、環境保護よりの民主党案と産業界よりの共和党案が提出され対立したが、最終的に

は州司法長官の仲介で両者が歩み寄り、1972年に新たな森林施業法（The Z'berg-Nejedly Forest Practice Act）が成立し、1973年より施行された。

新たな森林施業法は、目的として、第1に林地の生産性を回復・増進・維持すること、第2に良質な木材生産を最大限持続的に行うことを、二酸化炭素の吸収、レクリエーション、流域、野生生物、牧野・飼料、魚類、地域経済活性、雇用、景観に関わる価値に配慮しつつ進めること、の二つを併置した。また、森林理事会については、半数以上を一般市民から選出することとした。さらに、木材収穫計画許可制度を整備し、計画については州が認定したフォレスターが準備するとし、計画の適否については専門的な見地から判断し、計画許可手続きにあたっての州民の参加も規定された。

森林施業法の抜本改正に先立って1972年にフォレスター法（Professional Forester Law）が制定された。改正森林法が、州が認定したフォレスターによって伐採計画を策定し、また州の森林施業に関わる判断を専門的見地から行うという規定を導入することになっていたために制定された法律であり、フォレスターの認定要件や、認定フォレスターの責務、認定失格要件などを規定している。

このように抜本的な改正が行われた森林施業法体系であるが、その後自然環境保全に関する規定が十分ではないとの批判が行われるようになり、規定の不備を巡って訴訟も起こされた。こうした中で、次のような改正が行われてきた。

第1に、個別的な施業をコントロール仕組みは整備されたが、累積的な影響（cumulative effect）[19]が十分コントロールされていないことが大きな問題とされ、特にサケなど遡河性の魚類が絶滅危惧種として指定される恐れが出てくる中で、施業規則の不備が強く批判されるようになった。これに応える形で、1991年に累積的影響の回避に関する規則を新たに制定し、さらにその改訂を行ってきている。

第2は、法の目的に書かれている「最大限の生産」を環境等に配慮して行うにあたっての「最大限」の基準の明確化である。自然環境保全を考慮したうえで「最大限の生産」を目指すべきという観点から、木材生産の計画の基準を規則で明確にすべきであると環境保護団体が提訴し、この訴えを認める

144

判決が下された。これを受けて、野生生物の生息地を十分保全することや、遷移後期の森林を残存させるなどの措置を含めた持続的な生産計画の基準を策定した。

このほか、原生的森林の保全、文化的遺産の保全などの規定が導入されてきている。環境保護に関わる強い社会的な圧力を受けて、森林施業法体系は包括的に強い規制をかけるシステムとして構築されてきたのである。

森林行政の体制

カリフォルニア州で森林行政を管轄するのは森林・火災防護部（Department of Forestry and Fire Protection）であり、カリフォルニア州自然資源局の一部局である。森林・火災防護部がカバーする分野は、林野火災対策、私有林行政、州有林管理の三つとなっているが、カリフォルニア州では林野火災が大きな問題であるため、林野火災対策が部の中でも重要な位置を占めている。私有林行政に関わる森林・火災防護部の責務は、第1に木材収穫計画の許可申請を審査して許可または不許可の判断を下すこと、第2に林業事業体やフォレスターの認定を行うこと、第3に木材収穫が計画通り実行されるよう取り締まりを行い、森林施業法の実行状況について議会に報告を行うこととなっている。出先機関として北部・南部の二つの地域事務所があり、その下に現場事務所があり、木材収穫計画審査などはこれら現場事務所が行っている。

森林・火災防護理事会（以下、理事会）は、州の森林政策の基本方針を定めるとともに、連邦政府の管轄地以外の林野火災に責任を持っており、知事が任命する委員によって構成されている。理事会の森林施業に関わる任務を

図23　レッドウッド林
カリフォルニア州森林施業規制はレッドウッド林の保護問題をきっかけとして強化されてきた

詳しくみると、以下のようになる。

①森林施業法を実行するための政策や基準を作成し、規則を定める。

②上記規則設定にあたっては、州を最低でも三つの地域に区分し、それぞれごとに定める。

③森林・火災防護部が行った決定や許可などの行為に対する行政不服申し立てを審査する。

④森林・火災防護部が行ったフォレスターの認定決定に関する不服申し立てを審査する。

　理事会にはいくつかの委員会が設置されているが、森林管理政策に関わりのあるものは以下のとおりである

森林施業委員会：施業コントロールシステムの評価と推進を行う

モニタリング研究委員会：森林施業規則の有効性について長期的な評価を行う。

フォレスター試験委員会：フォレスターとして認定する試験を管轄し、試験制度のモニタリングなどを行う。

研究科学委員会：理事会が森林施業規則などを定める必要性や、盛り込むべき内容を判断するために、科学的・技術的な助言を行う。

実効性モニタリング委員会：森林施業規則などが水質・水域生態系・野生生物の生息の維持改善に機能しているか、順応型管理の手法を使ってモニタリングする。

　このように理事会は、森林施業のコントロールに関わってルールの設定や担い手としてのフォレスターの認定などのほか、モニタリングによって施業コントロールの評価を行い、課題の抽出と改善の検討を行っており、森林管理政策を包括的に進める中心的役割を担っている。

　理事は知事が任命し、一般市民から５人、林業・林産業界から３人、牧野利用関係から１人の合計９人から構成している。一般市民から選出される理事は、森林・林業に関して直接の経済的利害を持つ者を任命してはならないとしている。理事長は知事が選任する。このように、理事会の理事は、過半が林業・林産業と経済的な利害がないものから選出されるようになっており、業界の意向ではなく一般市民の意向が優先されるメンバー構成となって

146

いる。

森林施業法の全体像

　次に、森林管理政策の内容と仕組みについてみていくが、最初に森林施業法の全体像についてみておこう。

　森林施業法の目的は、前述のように、第1に林地の生産性を回復・増進・維持すること、第2に良質の木材生産を最大限持続的に行う（maximum sustained production, MSP）ことを、二酸化炭素の吸収、レクリエーション、流域、野生生物、牧野・飼料、魚類、地域経済活性、雇用、景観に関わる価値に配慮しつつ進めると規定した。

　理事会に対しては、森林施業規則を定めることを求めている。カリフォルニア州は大きな面積を有し、地域によって気象・自然・地理条件の違いが大きいため、州を三つ以上の地域に分割して、地域ごとに規則の制定を行うこととした。規則を定める分野として、森林火災の予防・コントロール、土壌侵食防止、火入れを含む地拵え、水質と流域保全、洪水管理、伐採に伴う若齢木への影響・土壌攪乱の防止、病虫害からの保護、自然・景観の質の保全、河川に影響を及ぼす伐採の規制については必ず定めなければならないとした[20]。

　森林施業規則の制定に際しては、理事会は関係部局の意見聴取を行うこと、制定した規則の継続的な評価と改訂を行うこと、規則の制定や改訂にあたっては、公聴会を開催することを義務付けた。なお、カウンティが地域特性を反映した独自の施業規則を提案できることとし、その手続きも定めている。

　伐採を行う際は、認定フォレスターが木材収穫計画（Timber Harvest Plan, THP）を策定し、森林・火災防護部に提出することとした。森林・火災防護部は、計画を公開してパブリックコメントを実施し、関係部局の意見聴取などを行って、許可・不許可の判断を下す。計画提出者は作業終了後に終了報告を提出し、森林・火災防護部による監査を受ける。また、5年以内に更新報告を行う。前述のように、別にフォレスター法があり、フォレスターの認定要件や認定の更新・剥奪などの条件についてはこの法律で規定し

147

ている。

　伐採作業を行う事業体は、理事会からの認定の取得を義務付けられており、教育プログラムの終了など認定付与の要件のほか、更新や剥奪の基準が定められている。

　このほか、林地転用は許可制とし、転用が公共性を持ち、環境や流域に重大な悪影響を及ぼさない場合に許可されるとした。

　このように、森林施業に対して、施業の規則、伐採許可制という手続き、伐採計画を立案するフォレスターや伐採を行う事業体の認定制という三つの方向から縛りをかけており、国際的にみても強い行政コントロールのもとに置いているといえる。このような仕組みの下で行われる施業は BMP を確保しているとみなされ、連邦水質浄化法で規定されている許可制度の例外となっている。

　なお、2012 年の改正で森林規制・森林再生基金（Timber Regulation and Forest Restoration Fund）の規定が加えられた。これは木材加工品販売の際に販売額の１％を徴収して基金をつくり、施業規則に準拠した施業の推進や、森林や生息域の再生などにあてるもので、適切な森林管理を行うためのコストを木材の利用者に負担してもらう仕組みとなっている。

規則の具体的な内容

　次に、森林施業法の下で制定されている規則によって、具体的にどのように施業のコントロールが行われているのかについてみる。まず、どのような施業行為が規則で審査の対象となるのかについて整理しておこう。持続的な経営の確保に関しては、THP より大きな枠組みのルールが設定されているので、これについて詳しくみた後、それ以外のルールについては概要を示すこととする。

＜持続性の確保を証明するための措置＞

　前述のように、森林施業法は、「良質の木材生産を最大限持続的に行う（MSP）ことを、二酸化炭素の吸収、レクリエーション、流域、野生生物、牧野・飼料、魚類、地域経済活性、雇用、景観に関わる価値に配慮しつつ進める」ことを目的として規定し、これを州内の森林施業において確保するた

めに具体的な措置を規則に盛り込んでいる。具体的には、州内の森林で伐採を行おうとするものは、MSP が確保されていることを示すために、以下の三つの選択肢のいずれかを実行しなければならない。

選択肢1：THP を提出するときに、伐採が長期的な計画の中で持続性を確保して行われることを明示する。10年以上の期間において生態系と資源の持続性を確保できるように伐採を行うことを、資源調査や生態系調査データを示して根拠を持って説明する。ほとんどの大規模所有者がこれを選択している。

選択肢2：持続的森林計画（Sustained Yield Plan, SYP）を作成する。森林所有者は資源の持続性、魚類と野生生物の保全、流域の保全の三つの分野でアセスメントを行って、MSP を確保していることを明示した SYP を作成することができる。伐採を行う際は、個々の THP が SYP に基づいて策定されていることを示すことで、MSP を確保していると認められる。SYP を策定する作業が膨大なため、この選択肢をとる所有者は少ない。

選択肢3：5万エーカー（2万 ha）以下の所有者が選択することができる。通常の THP で、規則が定める伐期齢、更新基準、野生生物などへの配慮を遵守した内容であれば MSU を満足していると判断される。

＜施業方法＞

施業（Silviculture）方法ごとに守るべき基準を規定している。施業法としては、同齢林施業として皆伐・母樹保残伐・漸伐、異齢林施業として択伐・移行伐（同齢林を異齢林に移行させるような伐採で近自然林業をめざすもの）、中間伐として搬出間伐・衛生伐があげられており、それぞれに守るべき基準が定められている。例えば、皆伐を含む同齢林施業では伐採面積の上限はトラクター集材の場合20エーカー（8 ha）、架線集材の場合30エーカー（12ha）としているほか、択伐は伐採率20% 以下に抑え、また伐採する立木は事前にマークしなければいけないなどが規定されている。

＜更新＞

伐採後の更新義務を課し、地位・樹種ごとに更新しているとみなされる基準を定め、現地検査の方法も規定している。伐採終了後5年以内に更新完了報告を出すことを義務付けている。

＜伐採にあたっての配慮と浸食防止＞

　伐倒作業は地形などに考慮して行い、伐倒にあたっては更新木、水流・湖沼の保護や、希少種の営巣木に配慮するとしている。また、トラクターの急傾斜地・不安定斜面での利用の禁止、作業路上以外での集材の禁止のほか、地拵えにあたって土壌保全配慮義務や軟弱地質での重機使用制限などを規定している。このほか、冬季が雨季にあたるため、冬季作業では土砂流出防止のために特段の配慮を要請し、作業者に対して浸食防止措置を要求することができるとしている。

＜水辺域の保全＞

　施業規制法・規則では、水辺域（watercourse and lake protection zone, WLPZ）の保全に関する包括的かつ詳細な規定を置いている。この規定を置いている目的は、第1に水利・レクリエーション・景観・野生生物の生息といった河川・湖沼などの機能の保全、第2に固有の水圏・水辺域の種や水辺の生息地を伐採に伴う直接的および累積的（cumulative effect）な影響から保護することである。

　対象となる流水・湖沼を4つのクラスに区分し、それぞれの区分と傾斜ごとに WLPZ の幅を定め（表11）、WLPZ 内での規制内容について規定している。

　まず、THP を策定する際には、認定フォレスターが現地調査を行って、伐採対象地内の WLPZ を地図に落とすことを求めている。すべてのクラスの WLPZ に対して、重機の使用は基本的に禁止とし、伐採作業で区域内の地表面の 25% を超えて撹乱をしないこととしている。さらに、クラスⅠであれば、認定フォレスターが WLPZ をテープなどで明示し、伐採木をマーキングすること、水温上昇回避や野生生物生息地維持などのために最低でも樹冠率 50% を維持するなどが規定されている。

　なお、理事会は、ある流域が水質や生態系保全上危機にさらされた、あるいは正常な機能が果たせなくなった場合には、その流域を指定して、通常よりも厳しい WLPZ の規制を課すことができる。現在、遡河性サケ科魚類が絶滅危惧種に指定されていることから、この仕組みを使って、保全のためにより広い WLPZ の指定や、より厳しい施業規制が多くの流域に課せられて

第6章　アメリカ合衆国

表 11　クラスごとの WLPZ の幅

	クラスⅠ	クラスⅡ	クラスⅢ	クラスⅣ
指標	100 フィート以内に何らかの取水施設がある 魚類が生息している	下流 1000 フィートまでの間に魚類が生息または魚類以外の水生生物が生息	魚類・水生生物が存在していない クラスⅠ・Ⅱ水面に土砂を供給する可能性	人工的な水路
WLPZ の幅（フィート）	75,100,150	50、75、100	25~50 の幅で条件に応じて	

注）クラスⅠ・ⅡのWLPZの幅は左から傾斜が 30% 未満、30-50%、50% 以上の数値

いる。

＜野生動植物の保護＞

　THP を作成する際に、認定フォレスターには、対象地の動植物種に対して伐採活動が与える重大な影響について明らかにすることが求められる。対象地における希少種の生息情報が適切に収集されているかも審査の対象となり、十分な検討が行われていない、あるいは情報が提供できない場合には、THP 不認可の理由となりうる。希少種については連邦および州の絶滅危惧種法の下で指定されるもののほか、森林理事会が独自の判断で影響を受けやすい種を指定して保護措置を求めることができる。

　希少種が存在している場合には、法律などで要求されている保護措置をとることが求められるほか[21]、施業規則の中でも希少種の営巣木周辺の保護措置などを定めており、この順守も義務付けられている。

　これ以外の一般的な野生生物保護で求められている配慮としては、枯損木については基本的にすべて残存させるほか、後期遷移林を対象とした伐採を計画しその面積を減少させる場合は、生息する野生動物への影響についての評価を義務付け、もし重大な影響がある際には緩和措置を計画に書き込むこととし、これらも審査の対象となる。

＜その他の規制＞

　その他の規制としては、水質保護関係のものがあげられ、林道・作業道・土場の位置は THP に明示するほか、WLPZ 内への設置の原則禁止、水流の横断構造物は最小限にすることなどが規定されている。夏季は乾期で火災が多発していることから、火災リスクを低減させるための残材の取り扱いなど

151

の規定のほか、火入れ規制、消火体制整備義務の規定がある。

　林地転用は許可制であり、局長に許可申請を行うこととし、許可申請中の木材伐採は禁止される。

木材収穫計画（THP）の記載内容

　森林施業法による森林施業をコントロールする仕組みの根幹をなすのがTHPなので、まずその内容についてみておこう。

　販売目的の伐採を行う際は、THPを森林・火災防護部の地域事務所に提出することが義務付けられている[22]。提出するものは所有者、または伐採を実行する事業体である。

　THPの様式は森林・火災防護部によって定められており、その概要は表12に示したとおりである。THPが森林施業規則を順守しているかをチェックできるようにしており、森林施業規則が詳細に定められているため、求める情報が膨大なものとなっている。計画が認定フォレスターによって作成されていること、フォレスターが規則を順守して作成しているかを示すため、フォレスターがサインをすることを求めており、計画内容が専門性を確保して作成していることを認定フォレスター制度によって確保しようとしている。

THPの審査プロセス

　THPの提出を受けた後、森林・火災防護部は10日以内に形式・内容が規定に合致しているかを確認し、合致していない場合は再提出を求め、合致している場合は受理して審査に回す。

　THPの審査にあたって、森林・火災防護部は案件ごとに審査チームを組織する。審査チームは、森林・火災防護部のほか、地域水環境管理委員会、野生動物局、保全局など関連州政府部局の代表のほか、申請地を所管するカウンティ政府が要求した場合は、カウンティ政府代表もメンバーとして入る。沿岸域に関連する申請の場合は、沿岸域管理委員会、州立公園に影響を及ぼす可能性がある場合は公園局の代表をメンバーに加え、必要に応じて他の州・連邦官庁や先住民委員会などの代表をチームのメンバーとして加える場合がある。チームの委員長は、森林・火災防護部から参加するメンバーが

第6章　アメリカ合衆国

表12　THPに記載を求められる内容の概要

一般的情報：所有者・認定伐採事業体・申請者の情報、伐採対象地の情報、
　　作業開始・終了の時期、THPを作成した認定フォレスターの情報及び当
　　該フォレスターが規則を順守して作成したとの誓約等。
伐採作業計画：伐採の方法、伐採木・保残木は認定フォレスターの監督のも
　　とでマークしているか、木材利用価値の低い樹種が含まれているか、更
　　新のために造林が必要か、病虫害感染地域に指定されているかの記載。
浸食防止措置：伐採作業方法・使用機械のほか、林道・土場作設・渓流横断
　　構造物作設にあたっての土壌侵食予防措置を具体的に記載、非架線系作
　　業の場合は使用場所の傾斜・土壌安定性の記載。
冬季作業：冬季に伐採作業を行う場合、冬季作業に課せられる規則を遵守し
　　た計画になっているかの記載。
河畔域保全：WLPZの設定など、規則で定めた河川湖沼保全措置の記載。
火災予防：林地残材が火災発生源とならないよう処理されるかの記載。
生態系・景観保全：希少種が存在する場合、種の保全のために計画している
　　措置。希少種以外で伐採によって大きな影響を受ける種が存在する場合、
　　その保全のために計画している措置の記載。枯損木の残置方針の記載。
　　後期遷移林に関する規制を受ける森林が含まれている場合は生態系保全
　　の為の措置の記載。文化的に保護すべき遺産がある場合にはその保護措
　　置の記載。

務める。

　審査チームは、まず伐採前現地検討（Pre-Harvest Inspection, PHI）が必
要かどうかの検討を行い、チームの助言のもと森林・火災防護部がPHIの
必要性を判断する。PHIが必要とされるのは、環境的・社会的に慎重な取り
扱いを必要とする場合、チーム員が現地検討をしないと確認できない重大な
懸念を示した場合、問題がある更新手法を含んでいる場合、申請対象の森林
が市民による活発な利用がされている場合である。PHIが必要ないと判断し
た場合には、チームは申請受理後5日以内に意見書を作成して、森林・火災
防護部に提出してチームの任務を終了する。以上を第1審査と称する。

　PHIが必要と判断された場合には、チーム員のほか申請者及びTHPを策

153

定した認定フォレスターも参加して実際に現地に赴いて問題とされた点について検討を行う。なお、申請された計画の多くは PHI を行っているとされている[23]。PHI 終了後、チームは第 2 審査を行う。第 2 審査では、PHI の結果および収集できたすべての情報をもとに THP の審査を行い、チームのメンバーはチーム長である森林・火災防護部職員にコメントを提出する。コメントには環境負荷低減などのために申請内容の修正の提案を含めることができる。チームメンバーからのコメントが集まった後、チーム長は森林・火災防護部長官が判断を下すための意見書を作成する。意見書が計画を認可すべきという内容になった場合で、チームメンバーがその提案に反対の場合は異議申し立てができる。

　THP 審査に関わって重要なことは、一般市民に対して審査過程への参加が保障されていることである。森林・火災防護部は THP を受理すると、これを一般に告知する。市民は、受理された THP の情報の提供を受けるように森林・火災防護部の地域事務所に登録することができ、登録すると当該事務所が受理した THP が送付されてくる。市民は、THP に対して書面によるコメントを行うことができ、森林・火災防護部はこのコメントに対して書面によって回答しなければならない。市民参加を行う目的は、第 1 に THP 審査への信頼性を高めること、第 2 に森林・火災防護部が判断を行う際の情報ベースを広げることとされている。このシステムは自然保護団体による伐採活動の監視にも活用されている。このように市民参加の仕組みが整備されていることの背景には、市民の運動によって施業をコントロールする仕組みが形成されてきたこと、森林の保全が州民の関心を集め、私有林であっても公共的資源として認識されてきたことがあげられよう。

　チームによる意見書提出、パブリックコメントの終了後、森林・火災防護部は受理した THP に対して最終破断を下す。そのままでは認可できないと判断した場合には、チームによる検討およびパブリックコメント終了前に、提出者に対して THP の修正を求め、修正した場合にはチームメンバーおよび市民に修正 THP を周知する。

　森林・火災防護部による最終判断にあたって、以下の場合には不認可としなければならないとされている。

①環境への負荷を十分に低減させるための施業法・作業法を採用していない。

②規則を遵守していない。

THP を認可した場合、森林・火災防護部は直ちに申請者に通知をし、申請者は通知受理後、すぐに作業を開始することができる。

このように、審査に当たっては関係部局から構成されるチームによる検討、パブリックコメントなど広範かつ厳格な審査が行われるが、審査の状況をみながら森林・火災防護部は必要な場合には申請者に対して THP の修正を提起するなど、決定前に THP に関する問題をできるだけクリアする仕組みを持っている。このため、ほとんどの THP は最終的には認可されている。

森林・火災防護部が下した THP に関わる決定に関して、申請者は理事会に異議申し立てをすることも認められている。異議申し立てがあった場合、理事会は公聴会を開催したうえで、THP を認可するか不認可にするかの決定を行う。

THP の事後検査

THP は、許可後 3 年間有効である。

申請者は伐採終了後 1 か月以内に終了報告を提出する。終了報告の提出後 6 か月以内に森林・火災防護部は実地検査を行い、作業が計画通り適切に行われているのかチェックをする。

また、申請者は作業終了後 5 年以内に更新完了の報告を行い、森林・火災防護部は報告提出後 6 か月以内に現地検査を実施し、基準を満たした更新が行われているかについてチェックする。実地検査で違反が見つかった場合、是正命令や罰則などが課せられる。

小規模所有者などに対する THP の適用除外

100 エーカー（40ha）以下の小規模所有者で、皆伐や傘伐を行わないなどの条件を満たした作業を行う際は、環境への重大な影響がないと判断して、THP の代わりに簡易 THP（Modified THP，MTHP）によって伐採の許可を得ることができる。MTHP は THP に比較して要求される情報が少なく、

また審査過程も簡略化される。

　また、2,500 エーカー（1000ha）以下の所有者で、非一斉林施業を行い、単木または小グループの伐採を行う経営方針をとっている場合、所有森林全体に NTMP（Nonindustrial Timber Management Plan）を策定することで、伐採届出のみで伐採を行うことができる。

まとめ

　カリフォルニア州においては、強力な自然保護運動による圧力、また絶滅危惧種問題への対処もあって、全米で最も体系的かつ厳しい森林管理政策がつくられている。この仕組みは、第1に極めて詳細に規定された森林施業の規則、第2に野生生物関連部局など多様な専門部局を含めて行う THP の厳密な審査、第3に THP を作成・実行監理する認定フォレスター制度、伐採を実行する事業体の認定制度、第4に THP 審査への市民参加制度など、複数の仕組みによって支えられている。施業規制の内容も、他州でみられた河川水質に関わる規定だけでなく、魚類・水生生物の保護を含めてより詳細かつ厳格な規定となっているほか、THP の審査における複合的な影響への配慮や、個別森林経営における持続性の確保など森林の持続的管理に関してほぼ網羅的な内容を持っている。

　森林施業に関するガイドブックも 1,000 ページに近い厚みを持っており、これを理解したうえで THP の申請を行わなければならないため、認定フォレスターには高い専門性と法制度の理解が必要とされる。市民参加制度もあるほか、THP の審査を巡って訴訟も多く行われており、THP 申請者にとっても、審査を行う森林・火災防護部にとっても法制度の尊守圧力として働いており、計画内容の適正さを確保するための努力が行われてきている。

第2項　ワシントン州における森林管理政策

森林管理政策の展開

　ワシントン州では、1980 年に先住民のサケ資源に対する権利が裁判所で認められ、その権利保障のためには、サケ資源量自体を保全する必要がある

156

ことから、河畔林保護など生息域保護が大きな課題となった。一方、同時期に自然保護団体は、州有林経営が木材生産中心であることを強く批判し、森林生態系保全を取り入れた経営への転換を主張し、木材伐採の差し止め訴訟によって対抗した。このように州有林・私有林管理をめぐって大きな紛争が生じる中、訴訟では根本的な問題の解決が不可能であるとの認識から、森林所有者・林産業界、先住民、環境保護団体が州有林および私有林の森林施業規制のルールづくりに向けて議論を積み重ね、1987年に木材・魚類・野生生物協定（Timber Fish and Wildlife Agreement, 以下 TFW 協定）を結び、河畔域保全を中心とした森林施業ルールを定めた。州政府は森林施業規則を改正して本協定の内容を入れ込み、施業届出・許可制を運用することで TFW 協定の実行確保を図り[24]、州有林管理及び私有林政策を担当している自然資源部（Department of Natural Resources、DNR）が森林施業規則の運用を担当することとした。

　しかし、1990年代に入ってもサケ科魚類の生息数の減少は続き、漁獲量が大きく減少し、先住民を含む漁業者の雇用喪失につながったほか、5種17集団が絶滅危惧種に指定されるに至った、。このため、絶滅危惧指定種の生息数の回復を図りつつ、絶滅危惧種法による生息域保護などに関わる厳しい規制を回避するための対策をとることが喫緊の課題となり、TFW 協定に関与した森林所有者・林産業界・先住民・環境保護団体・州政府に加えて、連邦政府（環境庁・魚類野生動物局・海洋漁業局）・カウンティが参加して対策を検討することとした[25]。検討の最終目標は、絶滅危惧種法への対応を行いながら林産業の発展を図るということにおいた[26]。議論の結果、1999年に河畔域保全などの規制を抜本的に強化する方向性を打ち出した森林・魚類レポート（Forest and Fish Report、以下レポート）を作成した。これを受けて、州議会は1999年に、レポートで提案されている施業ルールを州森林施業規則に組み込むように森林施業委員会に指示する「サケ回復法」を制定した。森林施業のコントロールを司る森林施業委員会では、2001年にレポートを組み込んだ新規則を策定し、河畔域保全規制の抜本的強化、不安定斜面の河川への影響回避や道路建設・維持について規制強化を行った[27]。

　TFW 協定・レポート策定過程の双方に共通する特徴は、科学的データ・

根拠に基づきつつ、所有者・林産業界が許容でき、環境保全目標を達成できるルールを、関係者の徹底的な議論によって探ってきていることであり、ルールの運用への主体的関与を引き出しているといえる[28]。

　ワシントン州の森林施業規制のもう一つの特徴は、絶滅危惧種法の下での生息域保全計画（Habitat Conservation Plan、以下 HCP）[29] の役割を果たしていることである。絶滅危惧種法では指定種の捕獲（take）に厳しい規制をかけており、例えば伐採地からの土砂流入によって意図せずして絶滅危惧種に指定されているサケ科魚類の個体を死亡させた場合等も捕獲として違法行為としている（このような行為を偶発的捕獲（incidental take）と称する）。しかし、これを厳密に運用すると、土地所有者に過大な負担をかけることとなる。このため、1982 年に絶滅危惧種法を改正し、対象種への影響を最小限とする HCP を策定し、指定種を所管する連邦官庁がこれを承認した場合、HCP を遵守していれば偶発的捕獲を例外的に許可する仕組みをつくった[30]。

　前述のサケ回復法では、州森林施業規則を遵守していれば、自動的に絶滅危惧種法も遵守することとなるように、連邦政府からの保証を得ることも州知事に対して求めており、この要求を満たすためには HCP の策定と魚類野生生物局による承認が必要となる。このため、DNR は 2001 年 7 月に「連邦保証プログラム検討会」を設立し、魚類野生生物局・海洋漁業局等の連邦官庁、州政府関連部局、小規模森林所有者、林産業界、環境保護団体とともに HCP の策定に向けた作業を行った。この作業の結果、州の森林施業規制システムと HCP を統合した森林施業 HCP が作成され、州の森林施業ルールに従って施業申請を行って許可を得ることが HCP を順守しているとみなす仕組みをつくった。

　森林施業 HCP の具体的内容は、2001 年の改正規則を基本としつつ、順応型管理の仕組み（森林施業順応型管理プログラム、後述）を取り入れ、DNR が中心となって規則の実施状況やサケ科魚類への影響をモニタリングしつつ、この結果に基づいてルールやガイドラインの改正を行うこととした。森林施業 HCP は環境影響評価を経て最終決定され、2006 年に魚類野生生物局および海洋漁業局が承認し、偶発的捕獲が許可された。このように森

林施業 HCP 策定によって、絶滅危惧種法による森林施業への直接的規制リスクを回避することができ、州内の安定的な施業の確保に重要な貢献をなした。なお、HCP は通常は大規模社有林や州有林などが個別に策定しており、ワシントン州の森林施業 HCP は森林行政システムそのものに HCP を組み込んだ唯一のケースである。

レポートや森林施業 HCP 策定プロセスは、すべての利害関係者を満足させるものではなかった。レポート作成の最終段階で環境 NGO が退席し、また森林施業 HCP の作成段階でも、州政府の環境保護部局はこの承認に抵抗を示しており、絶滅危惧種の保護対策が十分ではないという厳しい目が向けられていた[31]。一方、大規模社有林を所有する林産業界は、森林施業 HCP によって施業コストが約2割増大することを予想していたが、絶滅危惧種法による直接的規制や訴訟のリスクを回避できる点で納得しうるとした。大きな問題を抱えていたのは小規模森林所有者であり、施業コスト増大によって経営上大きな問題を抱え、管理放棄や転用などが生じることが懸念された。このため、州政府がこれら所有者への財政的支援策を講じることととして、小規模所有者の支持をつなぎとめた[32]。

森林政策に関わる組織

ワシントン州において州有林管理及び私有林行政を担当しているのは DNR である。DNR は沿岸域・海底・湖底・河床等の水中の土地を住民共有の財産として管理しているほか、鉱山開発の監督・規制も行っている。

DNR の組織編成上の特徴は、州民の選挙によって選出される公有地管理官によって率いられている点であり、選出された公有地管理官の姿勢によって DNR の方針が大きく変わってくる。

私有林行政の内容は大きく分けて、森林施業規制と森林の保護・保全であり、後者の主たる活動の焦点は森林火災対策である。

森林施業規制に関しては、独立した森林施業委員会が設置されており、施業規制に関するルールの策定や、ルール運用のための技術的マニュアルを策定すること、およびその運用の監督を主たる任務としている。

森林施業委員会は13名からなり、公有地管理官が議長を務めている。公

有地管理官以外のメンバーは、州商務部・農務部・環境部・魚類野生生物部の長官または長官に指定されたもの、カウンティ議会議員の中から知事が任命したもの、林産業界代表として知事が任命したもの各1名、一般市民の中から知事が任命したもの6名（うち1名は小規模森林所有者、1名は素材生産業者から指名する）によって構成されている。森林施業理事会にはHCPに基づく森林施業順応型管理プログラムを実行するための委員会が設置されているが、これについては後述する。

　施業申請の受付や審査などはDNRの施業規制専門の森林官が実行している。州を6地域に区分して、それぞれの地域事務所ごとに施業規制専門森林官が配属されている。

森林施業規制の内容

　森林施業法では、森林施業[33]を公共資源（河川水質や野生生物の生息域など）への影響が少ないクラスⅠから重大な影響があるクラスⅣまで5つのクラスに区分している（表13）。クラスⅠは届出の必要がないが、クラスⅡは届出制、クラスⅢ以上は許可制としている。クラスⅣの中で、特に環境に重大な影響を与えるものについては、クラスⅣ特別として、州環境政策法の下での審査にかけられる。

　森林施業規制は「公共資源」を守るために行うため、カリフォルニア州と同様に、施業許可申請について、希望する一般市民に情報を提供しており、市民は許可申請に対して意見を表明することができる。

　施業規制の具体的な内容について自然環境保全に関わるものに絞ってみてみよう。前述のように、サケ科魚類の生息域保護・回復が主要な課題であることから、河畔域の保全が主要な内容となっている。河川を以下の4つのタイプに区分し、タイプS・F・Npに対して河畔管理域（riparian management zone、以下RMZ）の設定を義務付け、伐採などの施業を規制している。

タイプS：規模の大きな河川。

タイプF：魚類・両生類・野生生物の生息地や水源として利用されている渓流・湖沼。

表 13　森林施業の区分

分類	施業の内容	審査
クラス I	公共資源への影響のない施業：除伐、植林、林道維持など	必要としない
クラス II	公共資源への影響の少ない施業：河畔管理域を含まない地域での 16ha 以下の伐採や林道建設など	届出制、届出してから 5 日後以降着手可
クラス III	クラス I・II・IV 以外の施業	許可制
クラス IV 一般	林地転用の予定がある場所でのクラス III 施業	州環境政策法による審査の必要性を検討し、必要な場合は審査、不必要な場合はクラス III と同様
クラス IV 特別	薬剤空中散布、絶滅危惧種生息域内の施業、公園内の林道作設、不安定な斜面または地形で行う木材収穫や林道建設などで土砂流出によって公共資源に影響を与える可能性のあるもの	州環境政策法による審査を行い、必要な場合は環境アセスメントを行う

タイプ Np：年間を通して水流がある、あるいは時期的・部分的に伏流になる渓流で、両生類の生息地となる、あるいは下流域の魚類生息域と水質を保護するところ。

タイプ Ns：タイプ Np に接続する、季節的に水流がみられる渓流。

　タイプ S・F については地位級に応じて RMZ を設定することとし、その大きさは最大で片側 200 フィート（61m）としている[34]。RMZ はコア・インナー・アウターの三つのゾーンからなり、コアゾーンは基本的に伐採禁止であり、インナーゾーン・アウターゾーンにも伐採規制がかかっている[35]。タイプ Np については、タイプ F・S への合流部、タイプ Np 同士の合流部、湧水がある場所など影響を受けやすい部分に対して RMZ を設定するほか、両岸約 9 m 以内での重機使用を禁止している。タイプ Ns には RMZ を設定しないが、両岸約 30 フィート（9 m）以内での重機使用を禁止している。

　林道の作設にあたっては、できる限り河川横断を回避することを求めており、やむをえず河川を横断する際に使用するカルバートの最低サイズを規定しているほか、RMZ での土場の作設回避を求めている。さらには森林施業によって生じる累積的影響（cumulative effect）を回避するために流域分析の仕組みを整備しており、DNR が定めた流域の区分ごとに、生物的・物理的特性について流域分析を行い、影響を受けやすい場所での施業の規制を

図24　ワシントン州森林施業規制の内容の一般向けガイドブック
写真や図を多用しわかりやすく解説しているが、内容が多岐にわたるため150頁にも及ぶものとなっている

行っている。

　RMZ以外の生態系保全については、保残伐を求めている。森林所有者は伐採にあたって、野生生物の生息のために、一定の本数の立木と倒木を残置することが義務付けられている。保残木には①野生生物の生息場所となる可能性のある立木（wildlife reserve tree：欠点のある、枯死した、被害を受けた、枯死しつつある立木など）、②倒木（down log）、③将来①となるように伐採時に残存させる立木（green recruitment trees）の3種類があり、それぞれカウントされる最低の高さ（長さ）と胸高直径、および残すべき本数が規定されている[36]。

　このほかの環境配慮に関わる規定としては、120エーカー（48ha）以上の皆伐申請は多分野の専門家からなるチームで審査を行うこと、240エーカー（96ha）以上の皆伐は禁止とした。また、皆伐を行う周辺の森林が一定以上の齢級であることを求めている。

　皆伐、または蓄積の50％以上を伐採した場合には更新の義務を課した。伐採届出・許可申請の際に更新計画を提出することを義務付け、DNRは計

第6章 アメリカ合衆国

図25 規模の大きな河川から小規模な渓流・湿地まで水辺域の保全が求められる

163

画に問題がある際は是正を指示する。また更新完了後には更新報告の提出が義務付けられ、DNR は報告受領後 1 年以内に査察を行い、問題がある場合には補足的な作業を命じることができる。

道路の作設・維持について RMZ 外においても、土砂の流出などが生じないような配慮を求めている。

このほかワシントン州内ではニシアメリカフクロウ（Spotted Owl）など絶滅危惧種に指定された森林性野生生物が数種生息しており、生息地あるいはその周辺での施業に関わる規制ルールが別個設定されている。

順応型管理の仕組み

森林施業 HCP には、森林施業順応型管理プログラムが組み込まれている。このプログラムは、森林施業委員会が、施業ルールや技術マニュアルの変更などを行う必要性やその内容を判断するために、モニタリング結果・科学的根拠に基づいた提案を行う仕組みである。

プログラムには、州魚類野生生物部・環境部・DNR、連邦魚類野生生物局・海洋漁業局・環境庁、森林所有者、カウンティ政府、環境 NGO、先住民族が参加している。プログラムを中心的に動かす組織として、森林施業委員会の下に木材・魚類・野生生物政策委員会（Timber, Fish and Wildlife Policy Committee、TFW 政策委員会）と共同モニタリング・評価・研究委員会（Cooperative Monitoring, Evaluation, and Research Committee、CMER 委員会）が設置されており、前記のプログラムメンバーはこれら委員会の構成メンバーとなっている。TFW 政策委員会は、森林施業プログラムの問題解決策を検討するとともに、CMER 委員会に順応型管理の進め方について提案を行う任務を負っている。CMER 委員会は、順応型管理を推進するためのモニタリング・評価・研究の計画・実行を担っている。

小規模所有者への支援

ワシントン州においては、一般的な森林施業に対する補助制度はないが、森林施業規制への対応による負担増が小規模森林所有者の経営に大きな影響を及ぼすために、これら所有者への支援プログラムが設けられている。

第6章　アメリカ合衆国

　金銭的な支援としては、第1に魚類移動確保プログラムがあり、渓流横断構造物の改良によって魚類の移動を確保するための資金援助を行っている。第2は河畔域地役権買い上げプログラムであり、河畔域で経営の制限を受ける場所について50年という期間の地役権買い上げを遺失木材価格の補償という形で行っている。第3は河川・生息域プログラムで、絶滅危惧種の生息上重要な場所について永久的な地役権の買い上げを行い、当該地の保全を図っている[37]。

　小規模所有者の支援を行うためにDNRに小規模森林所有者室が設置されている。この組織は、小規模所有者の森林経営実態調査を行って経営課題を把握しつつ、環境保全と低コスト施業を両立できる経営・伐採計画の開発やその普及を行っており、上述のプログラムの運用も行っている。

まとめ

　ワシントン州においては先住民の自然資源に対する権利保障運動と自然保護運動の大きな圧力と、絶滅危惧種法への対応のため、森林管理政策が形成されてきた。ワシントン州での大きな特徴は、多様な利害関係者が科学的根拠に基づく徹底的な議論を行いつつ、林産業の維持・発展と環境保全を共に可能とさせる政策のあり方を追求してきていることである。また、森林施業規制の仕組みそのものの中に絶滅危惧種保全のためのHCPを組み込んだという点で、新たな政策手法を開発したといえる。また、その規制の実効性を確保するために順応型管理の仕組みを制度化した点も重要である。

　施業規制についてはDNRの森林官が担っているが、施業許可審査が市民に開かれていること、また上述のように森林所有者や林産業界の合意の上で規制の仕組みがつくられていることが、規制遵守を確保するうえで重要な役割を果たしていると考えられる。

脚注

1　柿澤宏昭（2000）エコシステムマネジメント、築地書館

2　Ellefson、P., Kilgore, M., Hibbard, C., Granskog, J.（2004）Regulation on Forest Practices on Private Land in the United States: Assessment of State

Agency Responsibilities and Program Effectiveness, University of Minnesota

3 伐採地から細粒土砂が河川に流出するなど汚染源が面的に広がっているものを面源汚染（non-point source pollution）と称する。工場排水など汚染源がピンポイントで特定できるものは点源汚染（point source pollution）と称する。

4 日本でいえば基礎自治体である市町村にあたるタウンが、ニューイングランドでは直接民主制と行政委員によって運営されており、これをタウンシップ制と称する。タウンシップの自然資源管理に果たす役割については、土屋俊幸（2005）アメリカ東海岸における流域保全―コミュニティをベースとする流域管理の実践―（畠山武道・柿澤宏昭編著、生物多様性保全と環境政策、北海道大学出版会）103 ～ 132 頁を参照のこと。

5 陸軍工兵隊は軍関係の業務に限らず連邦政府が行う一般的な土木プロジェクトの企画・工事・管理を担っている。

6 M. Phillips（1992）Impact of the Clean Water Act on State Forestry Programs to Control Nonpoint Source Pollution、Journal of Contemporary Water Research and Education 88（1）、34 ～ 42

7 1991 年までにすべての州で策定されている。

8 Alabama Forestry Commission（2007）Alabama's Best Management Practices for Forestry

9 Alabama Forestry Commission（2013）BMP Compliance Report；Fiscal Year 2012 ～ 2013

10 Tennessee Department of Agriculture（2003）Guide to Forestry Best Management Practice in Tennessee

11 Southern Group of Sate Foresters（2012）Implementation of Forestry Best Management: 2012 Southern Region Report. 南部諸州の林務関係部局が協力して BMP のモニタリングの手法の構築とモニタリングを行っており、本レポートはその結果をまとめたものである。

12 本法では水路を河川・渓流・沼・湖沼などを含む包括的概念として定義している。

13 内陸湿地水路保全法と同様にタウンシップに対して、市町村独自の施業規制の権限を与えている。ただし、州エネルギー・環境保護部の認可が必要。

14 森林所有者が自家用に行う伐採などを除いた、販売目的の林産物の生産をさす。

15 State of Connecticut department of Environmental Protection（2007）Best Management Practices for Water Quality while Harvesting Forest Products

16 内陸湿地水路法においては水路及び湿地に特に重要な影響を及ぼす行為について、適用除外とせず、許可制にしている。適用除外となるかならないかの確認は認定者の役割となる。

17 本項の叙述は主として Pincetl, S.（2003）Transforming California：A Political History of Land Use and Development, John Hopkins University Press 及び Duggan, S., Mueller, T.,（2005）Guide to the California Forest Practice Act and Related Laws, Solano Press Book による。

18 Heilman, E.（1971）Delegation of Power to Regulatory Agencies: Standards and Due Process in the Bayside Timber Case, Ecology Law Quarterly 1(4), 773〜794

19 例えば流域内の複数個所で伐採や作業道作設等が行われた結果、そこからの細粒土砂の流出・堆積が累積的に生じて河川の産卵床に重大な影響を及ぼすなど、ある行為が複合的・累積的に環境に影響を与えることをいう。

20 これ以外の分野についても理事会の判断で規則制定ができる。

21 連邦絶滅危惧種法による指定種の規制については、畠山武道（1992）アメリカの環境保護法、北海道大学出版会、畠山武道・柿澤宏昭（2005）生物多様性と環境保全、北海道大学出版会などを参照のこと

22 伐採対象地が他人の土地から300フィート以内に位置している場合には、その所有者に対して伐採申請を行う旨通知することも求められている。

23 Morrison, H. et al.（2007） Laws and Regulations Affecting Forests, Part I：Timber Harvesting, Forest Stewardship Series 19, University of California Division of Agriculture and Natural Resources

24 前掲柿澤（2000）

25 連邦水質浄化法のもとで、水質に問題があるとされる水流が660にも上ることも判明し、これへの対応も合わせて議論されたが、検討内容は絶滅危惧種対策とほぼ重なる。

26 具体的には、1）非連邦有林における河畔域に依存した種について絶滅危惧
種法の遵守、2）漁獲可能な魚類の供給を支える非連邦有林の河畔域の再生
と維持、3）非連邦有林における水質保全法の要求への適合、4）ワシント
ン州における林産業の経済的発展の維持の4点を目標として設定した。

27 Calhoun, J.（2005）The Status of Washington State's Forest Practice Habitat
Conservation Plan：Its Origin, Objectives and Possible Value for Different
Landowners, University of Washington

28 ただし、環境保護団体はレポート作成の最終段階で、ルールが十分ではない
として退出している。また、先住民はレポートを認めたが、生息環境改善措
置について懸念を示し続けていた（前掲 Calhoun）。

29 Habitat Conservation Plan は通称であり、絶滅危惧種法 10 条の規定では単に
Conservation Plan と記載されている

30 USDI Fish and Wildlife Service, USDC NOAA（2016）Habitat Conservation
Planning and Incidental Take Permit Processing Handbook

31 アメリカ水産学会や自然再生協会北西地域支部が科学委的知見をもとに批判
を行っているほか、北西部の森林法制執行状況をモニタリングしている NPO
であるワシントン森林法センターも批判的コメントを出している。

32 前掲 Calhoun（2005）

33 森林施業法において、森林施業は伐採・林道作設・航空機からの薬剤散布等
の行為と定義されている。

34 例えばタイプ S・F の地位級 I の森林でインナーゾーンを伐採しない場合はコ
アゾーン 50 フィート、インナーゾーン 100 フィート、アウターゾーン 100 フ
ィート、合計 200 フィートの RMZ の設定が求められる。なお RMZ の幅は州
東部と西部で異なっている。

35 インナーゾーンについては水温維持のために日射遮断をするための十分な樹
木がある場合のみ伐採が認められる。

36 1 エーカー（約 0.4ha）あたり①3本、②2本、③2本を残すことが要求され
ている。

37 森林施業規制対策以外には州東部において森林火災や虫害が問題となってい
るため、森林の健全性を確保するための施業への支援プログラムがある。

第7章
総括と日本への示唆

ここまで、ドイツ・BW 州、フィンランド、スウェーデン、フランス、ア
メリ合衆国各州の森林管理政策についてみてきた。これら諸国・州に日本を
加えた森林管理政策をまとめたものが表 14、具体的な森林施業にかかる規
制の内容をまとめたものが表 15 になる。これをもとに、本書のまとめを行
いたい。

森林管理政策転換のきっかけ・時期・目的
　森林管理政策が環境保全を組み込んだものへと転換したのは、フィンラン
ド・スウェーデン・フランスでは 1990 年代〜 2000 年代初頭であった。こうし
た転換が行われた要因として第 1 にあげられるのは、1992 年に地球サミッ
トが開催され、これに先駆けて 1990 年からは欧州森林保護閣僚会議が開催
されるなど、国際的に生物多様性・森林環境保全などの問題が本格的に取り
組まれるようになったことである。木材生産・消費に関わっても、1993 年
には FSC 森林認証がスタートするなど、環境に配慮して生産された木材が
求められるようになった。各国国内においても、森林保全に関わる社会的な
要求が高まり、自然保護運動も活発化した。以上を受けて、森林管理政策の
転換が迫られるようになったのである。
　一方、ドイツでは、連邦政府がレクリエーション利用の確保や環境問題へ
の対処を重要な政策課題として認識し、1970 年代に他の欧州諸国に先んじ
て森林法制度を転換し、1990 年代に入ると近自然林業への方針転換や生物
多様性保全に関わる取り組みが始まった。
　アメリカ合衆国においては、1970 年前後には国際的に先端をいく環境保
護法制がつくられ、この中で連邦水質浄化法によって森林施業をコントロー
ルする仕組が各州でつくられていった。一方、自然保護運動の力が強いカ
リフォルニア州やワシントン州などでは、州独自の森林管理の政策が体系的
につくられていき、絶滅危惧種対策も進んだ。
　改革によって欧州諸国の森林法の目的規定は、森林資源の増強や林業生産
の推進を主としたものから、生物多様性保全など環境保全と林業を併置させ
たものへと大きく変化した。カリフォルニア州では「最大の生産を環境に配
慮して行う」という、林業を中心に置いたようにみえる規定をつくった。し

170

表14 各国・州における森林管理政策の概要

	政策転換のきっかけ	森林行政の仕組み	森林法体系の目的	森林管理政策の特徴	森林管理行政の基盤・ツール	自然保護行政の関係	その他
ドイツ、BW州	政治動向、大規模風害、国際的動向、環境保護運動	連邦食糧農業省が枠組み設定、BW州食料・農山村地域省が州森林行政を統括、郡・特別市の森林署が現場行政	経済機能・環境保全機能・レクリエーション機能が重要であり、森林の維持・持続的管理を確保する	法令で施業規制の詳細な規定、行政フォレスターによる監督、小規模な保安林	専門的行政フォレスター、自然保全型林政に向けた指針、環境保全型経営への助成	厳格な保護区設定、自然公園による持続的森林利用、保護区ネットワーク、土地利用計画制度との連動	
フィンランド	国際的動向、環境保護運動、市場対応	農林省が制度政策形成、森林センターが森林行政の実行	経済・生態系・社会的に持続可能な森林利用と管理	伐採届出制で森林とフットプリントの保全を確保	専門的行政フォレスター、環境配慮型施業指針、森林管理組合との連携、GISデータベース	厳格な国有保護区設定、METSOで保護区ネットワーク、自治体土地利用計画で転用、用地規制	行政・管理組合連携による各地域森林認証より施業指針の確保、METSO新手法による地域プロジェクト
スウェーデン	国際的動向、環境保護運動、市場対応	産業・イノベーション省が立法制度形成、林野が政策実行	国家的資源としての森林と生産と生物多様性保全のための管理	伐採届出制で環境に配慮した施業を確保、指導及び重視	専門的行政フォレスター、GISデータベース、環境配慮型森林経営ツール	厳格な国有保護区設定、自治体土地利用計画で転用規制	森林組合による森林認証により施業指針の確保
フランス	国際的動向	農業食糧森林省が政策形成、州・県が政策実行	持続的発展の観点から森林の経済的・環境的・社会的機能を考慮、国土整備への寄与	自主的な森林経営計画の策定で森林を誘導、小規模な保安林、森林憲章	森林施業計画策定の義務付け・誘導、補助	保護区設定、自然公園による持続的森林利用	
合衆国 カリフォルニア州	環境保護運動、連邦環境保護法制度	森林・火災防護部が統括	林地生産性の保全、最大限の生産を環境などに配慮して達成	法令による包括的規制、フォレスター・事業の認定制度	専門的行政フォレスター、民間フォレスター・事業体認定制度、順応型モニタリングシステム		
合衆国 ワシントン州	先住民族の権利保護運動・環境保護運動・連邦環境保護法制度	自然資源部が統括	先住民権利保護、保護	ガイドラインの普及指導、フォレスター・事業体の認定制度など	専門的行政フォレスター、民間フォレスター・事業体認定制度		
合衆国 その他の州				ガイドラインの普及指導	BMP、専門的行政フォレスター、民間フォレスター・事業体認定制度		
日本		林野庁が基本的な政策形成、都道府県、市町村が政策実行	森林の多面的機能発揮のための整備、これに重要な役割を果たす林業の発展（基本法）森林の保続培養（森林法）	大面積な安易林制度による規制、森林計画制度、林地制限規制	森林経営計画・補助金による誘導、フォレスター・プランナーの育成	保護区設定	

表15 普通林に対する森林法体系による施業に関する規制・誘導の内容

施業の類型	国・州	森林法令による規制	誘導、認証
皆伐施業主体	フィンランド	伐採届出チェックの際の森林ビオトープ保全、更新義務	保残伐、河畔域保全などを認証で確保（基本は政府ガイドライン）
	スウェーデン	伐採届出チェックの際に希少種・河畔域保全・保残伐等環境配慮、更新義務	伐採に関わる環境配慮、森林ビオトープ保全などを認証で確保
	フランス	皆伐許可制・林地転用規制・河畔域保全、更新義務	森林施業計画による持続的管理への誘導、補助金
	カリフォルニア州・ワシントン州	河畔域保全・希少種保護など生態系保全・環境配慮型施業に向けた包括的規制	カリフォルニア州では事業体・フォレスター認定制度、ワシントン州では小規模所有者への財政支援
	上記以外の合衆国州	連邦水質浄化法による面源汚染規制	左記をBMP、事業体認証などで確保
	日本	林地転用規制	森林経営計画による持続的管理への誘導、補助金
非皆伐施業主体	ドイツ（BW州）	林地転用規制・皆伐規制・未成熟林分の伐採禁止・更新義務・自然環境への配慮	近自然林への誘導（枯損木残置含む）、補助金

かし、予定調和論的な規定ではないが故に、社会的に環境保全への圧力が強く働く中で、この目的規定は「環境への配慮」をより厳格に求める形で、森林管理により厳しい規制をかける方向に機能してきた。

　これら諸国・州は、森林法の目的規定の変更と合わせて、森林管理への要求も環境保全を達成するためのものに転換し、森林管理に対する規制や誘導の仕方も変化した。

森林管理行政の担い手

　欧米においては、連邦制をとる場合は州、それ以外は国が森林管理政策の策定・実行主体となっている。

　スウェーデンとフィンランドは、制度・政策の形成主体と政策の実行主体が分離されている。スウェーデンでは、大きな制度改正は産業・イノベーション省が担うが、それ以外は林野庁が政策形成・実行を包括的に担っていた。また、フィンランドでは農林省が政策形成を行い、農林省との契約によって森林センターが包括的に森林行政の実行にあたっている。

一方、カリフォルニア州においては森林・火災防護部が、またワシントン州ではDNRが政策策定から現場レベルでの実行までを一体的に担っている。ドイツBW州では、かつて森林行政は州組織として一体性を持っていたが、行政改革によって州食糧・農山村省が政策形成・統括を行い、郡・特別市の森林署が現場行政や森林管理を行うこととなり、州組織としての一体性は消失した。ただし、専門知識を持った者のみが森林行政を担えるという規定を森林法に置いており、専門的行政官・技術者の教育・育成システムが州として一体的に運用されている。森林署が州の森林管理政策の現場レベルでの担い手であるという役割には変化がなく、森林行政の一体性確保が図られていた。

　フランスの行政機構は、国―州農林課―県農林課という3段階構成であったが、国・県レベルの組織はいずれも国の出先機関であり、行政機構としての一体性が存在している。

　専門的行政官・技術者の確保という点に関しては、フィンランド・スウェーデン・ドイツについては本文中で触れたが、アメリカ合衆国においても森林の専門的技術者の認定制度が、全米フォレスター協会という民間組織によって運営されている。協会が認定した大学のコースを修了した者のみが協会会員となることができ、社会的に森林技術者としての地位が認められている[1]。

　このように国（連邦制にあっては州）として一体的に森林行政を進められる組織体制があり、専門的行政官を確保・育成する仕組みがつくられている。森林行政組織の全国的な一体性はいずれの国々でも重視されていると考えられ、例えばスウェーデンでは地域レベルの政策実行について県域執行機関に権限を委譲するという行革方針に抗して、林野庁としての組織一体性を守っている。

　ただし、国・州で一体的な体制を整えていることは、森林行政・管理体制が中央集権的であることを意味してはいない。例えば、スウェーデンやフィンランドでは、地域の状況に即した伐採届出の取り扱い・判断ができるように、伐採届出担当者は地域に固定してその業務を行う仕組みとなっている。ドイツにおいては地域の森林管理全般を監督・支援・管理ができる技術者

が、長期にわたって担当し続ける仕組みがつくりあげられている。組織の一体性が確保される中で、制度・政策や、森林管理の基本的方向性・技術に関する共通理解が形成され、このことが地域に即した分権的行動を可能とさせていえるかもしれない[2]。

　市町村レベルの行政組織は、一般的に森林行政システムの中に位置付けられることははない。欧州諸国では、市町村が土地利用計画権限を持ち、土地利用計画との関わりで森林行政に関与している。また、北欧においては、国の森林政策体系の中で林地転用規制を持っていないため、市町村が土地利用計画の中でこれを担っている。一方、アメリカ合衆国では、タウンシップやカウンティが上乗せ・横出し規制を行うことを認めている州があり、州政府が基本的な森林管理政策の枠組みをつくりつつ、自治体が地域特性に応じた政策調整を行っている。

　自然環境関係の行政との関わりについてみると、北欧においては林業生産が基本的に認められないような厳格な保護区については環境行政、それ以外の森林における自然環境保全については森林行政という役割分担が行われている。ドイツ・フランスでもこのようなすみわけが存在するが、一方で地域制自然公園といった地域の持続的発展と自然環境保全を同時に追求するような仕組みも環境保護法の下で展開されている。

　ドイツでは、Natura2000 をめぐって、指定を進めたい環境行政と林業への影響を懸念する森林行政との間で紛争が生じており、生産と保護をめぐって省庁間及び利害関係者間の軋轢が依然として存在している。一方で、フィンランドでは METSO プログラムが森林行政と環境行政の共同プログラムとして進んでおり、両者の長所を生かした連携が構築されている。私有林において生物多様性保全のネットワークを契約的手法によって進めるという、先駆的なプログラムを進めるために両者の協働関係が欠かせなかったとはいえ、森林－環境行政連携の新たな方向性を示している。

　アメリカ合衆国のカリフォルニア州では、THP 審査に環境行政の代表も関与する仕組みを持っており、日常的に森林管理行政を共同で執行している。生物多様性保全などに関わる専門的な判断を求められ、自然保護団体による厳しい監視も行われている中では、環境行政との連携による森林行政の

実行が欠かせない。

森林管理政策への市民参加

　森林管理政策の形成や実行に関わって市民参加が広範に組み入れられていたのはアメリカ合衆国カリフォルニア州・ワシントン州であった。カリフォルニア州では、自然保護運動の継続的活動によって森林管理政策やその森林行政組織が大きく転換してきており、自然環境保全の観点から厳しい規制政策が形成されてきた。ワシントン州においても、活発な先住民族の権利保護運動及び自然保護運動を受けて、関係者間の合意形成をもとにしてサケ科魚類保全を中心とした包括的な規制政策が形成されてきている。また両州ともに個別の伐採許可申請の審査に市民が参加できる仕組みを導入している。これは私有林といえども公共的な性格を持っており、その伐採については市民が関与すべきであるとの認識が共有されていることが背景にある。

　欧州諸国においても自然保護運動が森林政策の形成に大きな影響を及ぼしてきた国が多かった。フィンランド・スウェーデンでの1990年代の森林法体系の改革において自然保護運動が大きな影響を与えたし、また政策の補完的な役割を果たす森林認証の形成にも自然保護運動が関与していた。また、ドイツやフィンランドにおける国家森林プログラムなど、政策展開の大きな方向性を定める計画形成に関しては、自然保護団体も含めて広範な市民参加が確保されてきた。フランスにおいても森林憲章の仕組みは多様な主体の参加による地域協働の森林管理の道を開いた。

　以上のように国・州レベルの森林管理政策の形成には自然保護運動が大きな影響力を及ぼしており、また長期計画・戦略の形成については市民参加による議論をもとにして合意形成を図ろうとしてきている。また、フランスの森林憲章のように地域協働型の森林管理の仕組みの導入も進められてきた。一方で、日常的な森林管理政策の運用への参加機会を保障しているのは、合衆国カリフォルニア州・ワシントン州に限定されていた。

森林管理政策の具体的な内容

　次に、森林法体系の中で森林管理に対してどのような規制や誘導などを行

っているのかについてみていきたい。

　まず、日本のように大面積の**保安林**を指定している国・州はない。すべての森林に対して最低限の施業規制をかけたうえで、保安林制度を持っている国は小面積で焦点を絞って強い規制をかけている。

　最低限の規制については、伐採後の更新義務を課すことは広く行われている。このほか、伐採に関しても多くの国・州で規制をかけているが、その内容は多様であり、例えばフランスでは皆伐に対する規制、スウェーデンでは伐採の際に最低限の環境配慮の要求、フィンランドでは伐採時に森林ビオトープの保全を義務付けるなど、ポイントを絞った規制措置をとっている。これに対して、カリフォルニア州やワシントン州では、自然環境保全・生物多様性保全の観点から希少種や河畔域保護などを中心に規制をかけているほか、ドイツ BW 州では厳しい皆伐上限規制や未成熟林の伐採禁止など伝統的な林業モデルの保持と環境保全のために規制をかけており、いずれも森林管理に対する包括的な規制となっている。またワシントン州では絶滅危惧種の保護・生息数回復をめざした HCP を森林施業規制の中に組み込むというユニークな制度を導入している。なお、土地所有権が強いアメリカ合衆国では、規制を全くかけていない州も多く存在する。

　こうした規制は、伐採許可制または伐採届出制によって行うことが一般的である。伐採届出制と伐採許可制の境界ははっきりせず、フィンランドやスウェーデンなどは、伐採届出制と称していても、森林行政当局は届出に対して差し止めなどを行うことができ、実質的に伐採許可と変わらない運用をしている。

　規制とは別に、政府が目標とする森林管理の現場への適用を達成しようとして講じる手段として、**指導・普及や助成制度**などがある。スウェーデンでは、環境配慮型森林経営を進めているが、伐採届出では十分なコントロールができないため、「緑の森林経営」のプロジェクトを立ち上げて、所有者に対する指導・普及を通して環境配慮型森林経営に誘導しようとしている。フランスでは、森林施業計画を所有者に樹立させ、所有者がこれを順守することで持続的な森林経営を確保しようとしており、補助金供与を誘導の手段として用いている。BW 州は、近自然型林業への誘導を図ろうとしており、こ

のために補助金を供与したり、公有林において施業のモデルを提示するなどして、私有林への普及を図ろうとしている。

なお、補助金等に関しては、ほとんどの国・州で環境配慮を主体としたものに組み替えてきている。ドイツ・BW州においては、林業助成を環境配慮型へと大きく転換していた。スウェーデンにおいても資源増強・生産増強のための助成の仕組みであったものを、助成そのものを削減しつつ環境配慮に絞って行うようにしている。またフィンランドも環境配慮型施業のための助成や、ビオトープ保全のための損失補償の仕組みを整備してきている。このほかアメリカ合衆国ワシントン州においては環境規制に対応できない小規模所有者のための助成の仕組みを導入している。

カリフォルニア州では州政府の森林管理に対する要求はすべて森林施業規制の中に入れ込んでいる。森林行政として指導普及も行っているが、病虫害対策など一般的な森林経営支援で、政策実現を行うための手段としては位置付けられていない。

アメリカ合衆国のいくつかの州では、所有権の力が強いこともあり、施業を直接的に規制する制度をつくらず、BMPといった施業のガイドラインを策定し、施業ガイドラインの現場での遵守を指導普及で確保しようとしている。この際、確実なガイドラインの実行を確保するために、施業を計画する技術者や、施業を実際に担う事業体に対する**認定制度**を導入する州がある。カリフォルニア州でも伐採許可制に基づく直接的規制の現場での実効を担保するために、認定制を導入している。こうした仕組みは、技術者・事業者の技術水準を確保する裏付けがあれば、直接的な規制によらずに、現場の状況に柔軟に対応した環境配慮型施業を確保できる可能性がある。

森林認証は民間ベースの取り組みであるが、これと森林政策の連動を図る国もある。フィンランドは、国が関与して森林認証制度を立ち上げ、地域を丸ごと森林認証する仕組みを導入した。認証基準の中に国が策定する環境配慮型のガイドラインを組み込んでおり、実質的に森林政策の補完機能を果たしている。スウェーデンも、同様な仕組みを持っている。こうした連携ができる要因として、第1に木材輸出国であるため林業関係者の間で森林認証の取得が重要と認識されていること、第2に森林組合の組織基盤が強固であり

所有者を認証へと組織化しやすかったことがあげられる。

　森林法体系以外では、**自然保護法制度による保護区域設定**がある。北欧では自然保護法制の下で厳格な保護地域を設定し、これらを林業生産から除外している。これら保護区は基本的には公的所有地に指定し、私有地に指定する場合には買い取りなどによって公有地化することが基本となっている。ドイツ・フランスも厳格な保護区制度を持つが、公有地への指定を原則としてはいないほか、面積的にもあまり大きくはない。これら諸国は地域制自然公園、またはそれに類似の保護区域制度をもっており、持続的な森林等の資源利用と自然環境・文化の保全を同時に達成しようとしている。フランスの森林憲章も、これと同様の仕組みと考えられる。

　フィンランドでは、私有林における保護区ネットワークを進めるためにMETSO を展開している。従来の保護区制度や、伐採届出制や森林認証だけでは私有林地帯に保護区域のネットワークを広げるには限界があったため、環境省と農林省が連携して、**契約的手法**を用いながら、新たな政策展開を行っている。契約的手法は、フランスが森林憲章において活用しているほか、国と自治体の権限再配分などにも応用されている。

　以上のように、各国・州は、森林に関わる環境保全についてそれぞれ目標を設定し、社会・経済・自然的条件に合わせた手法を組み合わせて施策展開を行っている。各国・州の森林管理政策の中で大きな問題を抱えていたのは、フランスの森林施業計画制度で、補助金などでの誘導政策を講じているものの、少なくとも所有者に占める計画参加の比率で言えば十分な成果は上がっていない。包括的な施業計画策定を行うことを通して政策的効果を上げるためには、スウェーデンのように認証取得といった具体的な獲得目標を設定するか、ドイツのように森林の経営管理全体を専門知識と責任をもって動かすことができる裏付けが必要かもしれない。これについては、日本の森林施業計画・森林経営計画にも関わって、より深い研究を必要とする。

　なお、フィンランドとスウェーデンは、同様な自然的条件の森林をもち、小規模のビオトープ（スウェーデンでは WKH）を保全しながら保残伐を推奨するなど森林管理も同様な方向性を打ち出し、伐採届出制と認証が基幹となるという面で同様な政策展開を示している。しかし、後者は森林所有者の

力が強く、政治的に自由主義的な基盤が強いという社会経済的な性格の違いがあり、政策展開の内容が異なっていた。フィンランドの場合は小規模ビオトープ保全を伐採届制で確保したうえで、国が関与した地域制森林認証に所有者を巻き込むことで政策を補完しているが、スウェーデンでは、伐採届出制で一般的環境配慮を要求しつつ、所有者への普及指導によって環境配慮型経営へと誘導し、森林組合が主導する認証によって WKH を確保しようとしている。

森林管理政策の「インフラ」

　以上のような森林管理政策の展開を可能とさせている基盤―「インフラ」を整理すると、以下のようになる。

　第1は森林行政、あるいは森林管理や施業を担う者の専門性の確保である。欧米諸国においては、森林・林業技術者の専門的教育コースを修了した者が森林行政を担い、これらを継続的に育成するシステムにより森林行政の水準を確保している。ドイツでは地域に配属されたフォレスターが施業監督から指導普及までを一手に引き受ける、いわゆるワンストップ型のサービスを提供している。一方、スウェーデンやフィンランドでは、伐採届出審査は専門とする職員が担うなど、森林行政内部で職員の分業がみられ、国・州によって行政フォレスターの職務執行の仕方には差があった。

　ドイツでは森林行政組織の技術者が森林管理や経営支援も担っているが、フィンランド、スウェーデン、アメリカ合衆国では、森林組合職員や民間フォレスターなどが重要な役割を果たしている。フィンランド、スウェーデンでは強固な基盤を持った森林組合が専門的技術者を確保し、アメリカ合衆国では民間による森林技術者認定システムが動いており、州によっては独自で認定制度を持つところもある。

　第2に指摘できるのは、科学的根拠を持ち、具体的かつ現場で適用できる施業指針が作成され、これが政策展開の基礎となっていることである。ドイツでは近自然型林業を具体的に進めるための指針がつくられ、公有林においてモデル的に実行されており、これをもとに私有林で進めるための普及指導が行われ、助成金の支給が行われている。スウェーデン・フィンランドにお

いても、環境配慮型の施業指針がつくられ、伐採届出審査の基本となっているほか、これをもとに普及指導が行われている。また、指針の内容は森林認証の基準に連動しており、政策補完的な役割を果たしている。アメリカ合衆国のBMPにおいても、水質保全を確保するための施業指針がわかりやすく示されており、これを順守することで政策意図が達成できるようになっている。カリフォルニア州では、環境に配慮すべき施業内容を直接的規制に入れ込み、調査研究をもとにして環境への悪影響を回避するための具体的な施業措置を規則化し、その遵守をTHPで確保しようとしている。ワシントン州でも、調査研究と関係者の議論をもとに施業規制の内容を決めており、絶滅危惧種の遵守の仕組みを施業規制に埋め込んだ。

　第3は、データ・モニタリングシステムの整備である。スウェーデン、フィンランドでは小規模ビオトープについて全国的に調査を行って特定するなど、環境配慮型施業を進めるうえでの基礎情報を収集し、これら情報をGIS上でデータベース化している。こうしたシステムを活用して伐採届出審査を円滑に行えるようにしているほか、モニタリングもシステム化して政策実行上の問題点とその改善措置が提起できるようにしている。アメリカ合衆国の各州でもBMPの実行状況は継続的にモニタリングされ、またモニタリング手法の検討も継続的に行われている。カリフォルニア州では、森林・火災防護理事会の下に実効性モニタリング委員会を設置し、森林施業規則などが水質・水域生態系・野生生物の生息の維持改善に機能しているかについて順応型管理の手法を使ってモニタリングする仕組みを持っている。ワシントン州でも施業規制の仕組みに順応型管理を組み込んでいる。こうしたデータ・モニタリングシステムを構築し、さらに順応型管理を行って政策改善にまで役立てることができるのは、これらを担う組織が一体的に運営されているためと考えられる。

日本が検討すべき課題[3]

　最後に以上のまとめを踏まえて、日本が検討すべき課題について述べておきたい。

　まず、森林管理政策が目的とすべきことである。日本においては、森林・

林業基本法の目的規定で多面的機能と林業が併置されたものの、林業が多面的機能を発揮させる手段として位置付けられ、予定調和的な発想から脱却できなかった。こうした点で、環境保全と林業を同等に成立させることを目的とする体系へと転換させてきた欧州の森林法体系とは大きく異なっている。例えば、スウェーデンは、森林資源の増大・林業生産の拡充を中心とした動員型の法制度体系からの転換を図っており、環境配慮を組み込んだ持続的な森林管理・経営の実現が政策展開の基本となっている。林業生産の自立的展開の有無という条件が異なっているため、安易な参照はできないが、主伐期を本格的に迎えている日本の森林管理法制度体系の基本をどこに据えるのかを改めて検討すべきである。その際、予定調和的な考え方を脱却する必要があり、カリフォルニア州のように林業を環境に配慮して行うという考え方を基本とし、林業と環境の関係を改めて科学的根拠を持って考えるべきであろう。

　また、欧米諸国においては、法制度の目的規定の転換が、政策の抜本的転換を伴っていたことを改めて思い返す必要がある。これは考えれば当たり前のことであるが、日本においては、林業基本法が森林・林業基本法へと改正されたものの、森林法体系の改革に全く手がつけられなかった―正確に言えば、検討したものの、手のつけようがなかったという問題を改めて認識すべきである。

　森林管理行政の担い手についていえば、組織の一体性と専門性の確保が問題として浮かび上がってくる。政策機能と実行機能の分離を図っている国はあるが、行政組織として国・州全体のレベルから現場レベルまでの一体性を確保し、そこに専門的職員の確保・育成システムが結び付いている。こうした組織体制によって、現場レベルでの伐採届出制などの適切な運用や、政策意図に沿った指導普及などが可能となり、モニタリングシステムを整備し、現場における課題を政策検討へ反映させる仕組みが機能している。こうした点で、改めて日本も森林行政の組織体系と技術者育成システムを考える必要がある。『日本の森林管理政策の展開』でみたように、国－都道府県－市町村の3段階システムの問題点が、制度・財政の根幹は国が握りつつも権限に関して一定の分権化を進めるという改革の中で、より一層顕著に表れてきて

いる。この構造自体は短期間で抜本的に改革できる可能性は薄いものの、例えばフランスの契約に基づく国と自治体（あるいは自治体間）の役割再編などの応用は考えられ、市町村・都道府県の連携による現場における森林行政の施策形成・実行能力の向上は可能であろう。その場合、森林管理において達成すべき課題と役割分担の共通認識・合意形成が前提となる。また、森林管理機能そのものと、地域活性化に向けた森林資源活用の企画的機能とは区分して考えたほうがよいかもしれない。技術者育成については後述する。

　森林管理政策の内容と政策手法について、欧米諸国においては、明確な方針と現場の施業や経営に落とし込めるガイドラインやモデルを形成しており、規制・誘導・補助金・契約的手法などを、それぞれの社会・経済・制度的条件に応じて組み合わせ、実現しようとしていた。また、地域に張り付いた専門家が、こうした指針の機械的適用ではなく、現場に即した適用を可能とさせている。日本でまず必要なのは、普通林での経営・施業において、めざすべき環境保全の具体的目標と施業・経営方法を明確化することであり、これを実現するための手法を検討することである。目標と方法の明確化については、基礎となる科学的知見が十分ではないと考えられるので、調査研究と合わせて進めるべきであろう。北欧やフランスにおいては、守るべき内容は何か、また守るべき場所はどこにあるのかについて、全国的に調査をかけてデータベース化している。こうした取り組みも、日本では圧倒的に弱く、今後の課題である。こうした指針作成・データベース作成を国全体で行うのか、地域特性を反映して地域主体で行うのかについての議論も必要であろう。

　政策手法については、森林所有への行政介入を嫌う、合衆国や北欧・フランスなどでは非規制的な手法を用いた政策展開が行われている。同様な状況にある日本では、こうした政策手法の応用可能性を検討すべきであろう。例えば、アメリカ合衆国では、事業体の認定制度が非規制的な政策手法として用いられていた。日本では緑の雇用制度の導入にあたって事業体のスクリーニングをかけるなど、担い手政策の手段としてすでに用いられており、森林管理分野での適用可能性などは検討に値するだろう[4]。こうした手法の検討にあたっては、地域によって環境保全の具体的な目標などが異なり、所有者

182

の状況や林業をめぐる社会経済的条件も異なっているため、地域ごとに検討することが適切だろう。ただし、フランスにおいて森林施業計画への誘導が十分に機能していないことは、日本の森林施業計画・森林経営計画制度と同様であり、自発性による計画策定とその順守がどのような政策的誘導で可能なのかについて改めて検討する必要があるだろう。

規制的手法については、欧米諸国・州のほとんどで、最低限の環境保全を図るために導入されていたが、日本においては普通林に対する規制措置を導入するハードルは極めて高い。一方、伐採届出制があり、市町村森林整備計画で定める内容を遵守して伐採・造林を行わない場合には変更命令を行うなどの措置がとれるようになっており、単なる「届出」制をこえた内実を持った制度となっている、実際に北海道標津町では、この仕組みによって河畔域保全を確保している。フィンランドやスウェーデンにおいても伐採届出を活用して、環境保全型施業を図ってきており、これを有効に機能させるために、環境配慮の内容の具体化、これを有効に機能させるために配慮すべき場所の特定・GIS上のデータベース化などを行っている。日本でも、伐採更新届出制を環境に配慮した伐採を進めるために活用することは不可能ではなく、そのためには前述したような指針の策定やデータベースの策定が重要となってくる。ただし、守るべき施業のルール化を行い、伐採届出制を通してこの遵守を図る体制を構築することは、現状では、『日本の森林管理政策の展開』で述べたように、基礎自治体である市町村が地域合意のもとに進める以外には困難であると考えられ、先進的な事例を積み重ねるなかで他地域への普及を考えていくべきであろう。

欧米諸国の事例からは、森林管理政策を実効的に進めるためには専門的人材の育成・確保、具体的な森林管理の指針の策定、森林管理の基礎となるデータベースの構築が重要であることがわかる。しかし、このいずれの点についても日本は課題を抱えている。

専門的人材の育成・確保について欧米諸国と比較した場合、第1に専門的教育機関においての技術者教育プログラムが弱体であること[5]、第2にこれと表裏をなす問題として森林・林業専門技術者像の合意が不在[6]であり、社会的に専門技術者として認められた者が森林行政を担う仕組みができていな

いこと、第3に森林行政組織内で地域性と専門性をあわせもった人材を育成する仕組みが弱体であることが問題としてあげられる。

　欧米諸国では、森林行政システムは国・州で一体性を持って組織され、また専門的技術者の教育体制が就職前後を通して整備されていた。これに対して、日本では国・都道府県・市町村の3階層に分離しており、特に市町村において専門技術者を確保できないなど森林行政体制が脆弱である。また、大学等で技術者育成を意識した教育プログラムを持っているところはほとんどない。市町村を支援するために森林総合監理士という資格制度がつくられたが、資格取得者のほとんどが都道府県や国有林職員であり、権限を持たない市町村行政を支援するという無理がかかった仕組みとなっている。現在の人材育成の達成点と改善すべき課題を改めて検討するとともに、一部の市町村で進められてきている専門的技術者の養成・確保の経験を学びつつ、地域での技術者の連携ネットワークを形成してくことが求められる。また、森林関係の教育プログラムを持つ大学や農業高校などのあり方についても改めて検討することが必要であろう。

　データ・モニタリングシステムは、適切な森林管理政策の実行とともに、政策の課題を明らかにしてその改善を図るうえで重要な役割を果たしており、特にアメリカ合衆国ワシントン州では政策の枠組みの中に順応型管理を組み込んでいた。日本では森林に関わるデータベースとして森林簿があるが、これは地域森林計画樹立のためのデータ・システムであるため、現場レベルでの現代的な課題に応えるためのデータ項目が不十分であり、データの精度も問題がある。生物多様性保全に関わるデータベースなどとの連携を図りつつ、GIS上のデータベースを構築する必要がある。近年、都道府県や市町村などで、ICT等を活用して独自のデータベースやGISの構築を行っているところがあり、こうした事例を参考にしながらデータベース構築のあり方を検討していく必要がある[7]。また、日本では森林行政組織が3階層に区分されており、集権的な森林行政システムの中で国が政策形成を行い、自治体がその実行を担うという機能分化が生じたため、政策の結果をモニタリングして政策改善に資するという仕組みが充分機能してこなかった。一方、自治体が独自政策の策定・実行に取り組む中で、政策評価や順応型管理を政策

に組み込むことが一般化しつつあり、例えば神奈川県の水源環境保全税に関わっては現場でのモニタリング体制を整備し、さらにそれを検討して施策展開に反映させる仕組みを構築してきている。こうした経験を活かしつつ、政策が現場森林管理に対して所期の効果を達成できたのかを的確に評価し、その評価結果を政策の改善・変革に生かす仕組みを発展させていくことが求められている。

脚注

1　相川高信・柿澤宏昭（2015）先進諸国におけるフォレスター育成及び資格制度の現状と近年の変化の方向、林業経済研究 61（1）, 96〜107

2　行政組織学の古典でもあるカウフマンによるフォレスト・レンジャー（Kaufman, H.（1960）The Forest Ranger, Routledge）では、当時のアメリカ合衆国森林局が、同様な林学教育を受けた共通した価値観を持つ職員によって構成されていたことから、個々の職員が組織に縛り付けられることなく、なおかつ組織とてしての統一性を確保できていたことを指摘している。

3　本項で述べる、現在の日本の森林管理政策が抱える課題については、『日本の森林管理政策の展開』を参照されたい。

4　宮崎県の「ひむか維森の会」は素材生産事業者が素材生産のガイドラインを策定し、NPO を発足させてガイドラインを遵守する事業体の認定を行っている。薛 佳 . 大地 俊介 . 藤掛 一郎 .（2015）素材生産業界による環境配慮の意義と課題：NPO 法人ひむか維森の会による事業体認証制度創設までの取り組みについて、林業経済 68（2）、1〜14 頁、等を参照のこと。

5　大学においても改組に伴って林学関係の学科が解体されるケースが多く、森林関係の学科が存在しているところでも、森林・林業技術者育成を目標として明確化し、そのためのカリキュラムを組んでいるところはほとんどない。また、森林・林業関係の職に就いた後の継続教育についてもシステムが整備されていない。なお、近年林業大学校の設立が相次いでいるが、そのほとんどは現場労働者・技能者の育成を目的としている。

6　前掲相川高信ほか（2015）

7　北海道森林ガバナンス研究会が 2009 年に作成した「つながる森林データ」を

参照されたい。http://morinet-h.org/gover/index.html

おわりに

　本書は本文中でもふれたように、日本の森林管理政策の展開過程と課題について議論した『日本の森林管理政策の展開』と対をなす書籍として執筆した。

　そもそもこのような書籍を執筆した直接的なきっかけは、民主党政権下で策定された森林・林業再生プランの具体化を進めるために設置された基本政策検討委員会に委員として参加したことにあった。再生プランでは、林業の再生だけではなく、その基礎となる森林の管理制度についても焦点が当てられ、森林計画制度の見直しや伐採更新ルールなども検討の対象となった。筆者はそれまで生態系保全を基礎とした森林政策をどう進めるのかについて関心を持ち、これに関わる欧米諸国の森林政策の展開について研究していた。その中で日本の森林管理政策における施業コントロールの脆弱性について課題意識を持ち、日本がこれから本格的に主伐期を迎える中で、環境保全を含めて適切なコントロールの仕組みを再構築することが必要であると認識するようになった。このため、日本の施業コントロールの仕組みを何とか強化できないかという観点から議論に参加したが、結果的に言えば意見を述べただけに終わってしまった。きわめて複雑に組みあがった制度体系、地方分権化・規制緩和・財産権保護といった個別政策を縛る大きな枠組み、そして短期の検討期間という制約の中で、議論の入り口にたどり着くこと自体の困難を強く感じた。それとともに、制度を変えることについての自分自身の認識の甘さや思い上がりも認識した。森林管理に関する法制度政策の限界・課題は認識していたが、それがどのような条件の下でどのように作られ、変革の制約条件は何かについて十分な知識を持っていなかったことを痛感した。

　森林管理政策の展開過程についてのこれまでの研究を振り返ると、林政全般や森林計画についてその展開過程を取り扱った書籍や論文は多いが、多くは制度の解説にとどまっており、研究の範疇にあるもののほとんどは林業にかかわる分野においてであった。また森林管理政策は林野庁が所管する政策のみがカバーしているわけではないが、環境省所管政策まで包括的にその展

開過程を検討した研究は存在していなかった。

　そこで改めて日本の森林管理政策の展開過程を総括し、何が課題かを改めて検討する必要を認識し、用意したのが『日本の森林管理政策の展開』であった。

　『日本の森林管理政策の展開』の総括でも記したように、筆者は日本の森林管理政策は抜本的な改革が求められており、中途半端な「解決策」の提示よりは、改革の大きな方向性を検討することが重要であると考えている。こうした検討のためには、環境保全を基礎においた森林管理政策の展開で一歩先んじている欧米諸国について体系的な比較分析を行うことが必要と考え、執筆したのが本書である。

　今回取り上げたほとんどの国・州が、環境保全課題への対応のために抜本的な制度・政策の改革を行ってきており、法制度の基本的な目標として生態系など環境保全を位置づけ、政策の基幹部分にこれを埋め込んでいることが確認できた。また現場レベルの森林管理までその実効性を確保するために多様な政策手段を講じてきたこと、そして組織・人材・データモニタリングシステムといった政策展開の基盤を確保していたことなど、森林管理政策展開のうえで重要なポイントが示せたのではないかと思う。

　ところで、筆者は 2000 年にアメリカ合衆国の生態系保全を基礎においた自然資源管理の動向を分析した『エコシステムマネジメント』を執筆したが、「おわりに」のなかで、他国の先進的な取り組みをお手本としてマニュアル化することは困難であり、むしろそれぞれの取り組みの悩みを共有すべきであるとした。その考え方は現在も変わっていないが、法制度・政策の再構築を考えようとした場合、どのような可能性があるのかを参照することには意味があると考えられる。国、あるいは地域で、手探りで森林管理政策のあり方を考えようとした場合、参照すべき手掛かりが少しでもあったほうが、より良い政策の展開が可能となるだろう。

　本書、そして『日本の森林管理政策の展開』の総括において、実効性を持った森林管理政策を展開するうえで、市町村など地域が果たす役割が重要であることを指摘した。先進的な市町村では具体的な取り組みを展開し始めているところもあり、地域からの森林管理政策の形成や実践の動きがある。こ

うした取り組みを基礎とし、今後経験を共有しながら新たな森林管理政策の可能性を追求していくことは可能であり、こうした経験をもとにしながらより大きなスケールでの制度・政策の組み立て方を考えていくことが、日本のこれからの森林管理政策を構想する上で重要であると考えられる。

　二つの書籍が新しい取り組みを進めようとする人々に少しでも参考になれば幸いである。

　2018 年 6 月 20 日

柿澤 宏昭

2018年6月20日　第1版第1刷発行

これからの森林環境保全を考えるⅡ

欧米諸国の森林管理政策
―改革の到達点―

著　者 ──────── 柿澤宏昭

カバー・デザイン ──── 峯元洋子

発行人 ──────── 辻　潔

発行所 ──────── 森と木と人のつながりを考える
　　　　　　　　　　　㈱日本林業調査会

〒160-0004
東京都新宿区四谷2-8　岡本ビル405
TEL 03-6457-8381　FAX 03-6457-8382

http://www.j-fic.com/

J-FIC（ジェイフィック）は、日本林業
調査会（Japan Forestry Investigation
Committee）の登録商標です。

印刷所 ──────── 藤原印刷㈱

定価はカバーに表示してあります。
許可なく転載、複製を禁じます。

ⓒ 2018 Printed in Japan. Hiroaki Kakizawa

ISBN978-4-88965-255-0

再生紙をつかっています。